普通高等教育"十三五"规划教材 ⋘

物理化学实验数据的Origin处理

彭 娟 宋伟明 孙彦璞 主编

化学工业出版社

·北京·

本书是一本依据 Origin 软件处理物理化学实验中一些典型和相对复杂的应用实例的实用教材，是编者在多年物理化学实验课程教学实践的基础上编写的，涵盖了物理化学实验中的误差分析及数据处理、物理化学实验数据的表达方法、Origin 9.1 的基本操作、实验数据的录入及管理、二维图形的绘制、曲线拟合、信号处理和谱线分析、物理化学实验数据的 Origin 处理示例、拓展应用示例等内容，同时简要介绍了一些新的热点知识。本书特点在于实用性和前沿性，理论与实践兼备，内容丰富，对提升本科学生综合、分析、实践、创新能力大有益处。

　　本书可与物理化学实验教材配套使用。有利于物理化学实验本科教学质量和学生科学实验素养的提高，并对理工科学生及相关专业师生应用 Origin 软件解决实验和科研中的数据处理问题具有参考使用价值。

图书在版编目（CIP）数据

　　物理化学实验数据的 Origin 处理/彭娟，宋伟明，孙彦璞主编. —北京：化学工业出版社，2019.9
　　ISBN 978-7-122-34725-1

　　Ⅰ．①物… Ⅱ．①彭…②宋…③孙… Ⅲ．①数值计算-应用软件 Ⅳ．①O245

　　中国版本图书馆 CIP 数据核字（2019）第 125367 号

责任编辑：蔡洪伟　　　　　　　　　　　　　　文字编辑：陈　雨
责任校对：杜杏然　　　　　　　　　　　　　　装帧设计：刘丽华

出版发行：化学工业出版社（北京市东城区青年湖南街 13 号　邮政编码 100011）
印　　装：三河市延风印装有限公司
787mm×1092mm　1/16　印张 8½　字数 208 千字　2019 年 10 月北京第 1 版第 1 次印刷

购书咨询：010-64518888　　售后服务：010-64518899
网　　址：http://www.cip.com.cn
凡购买本书，如有缺损质量问题，本社销售中心负责调换。

定　　价：30.00 元

前言

▶▶▶

物理化学实验是大学化学、化学工程学科的一门独立的专业基础实验课程。按照教学大纲的要求，学生通过实验课的学习，不仅要理解实验原理的理论知识，熟悉实验操作及学会实验数据的测定，还必须要学会正确处理实验数据，使之能够得到最佳的数据处理结果。在物理化学实验过程中，需要处理的实验数据繁多。由于存在不可避免的实验误差，手工处理数据及绘制实验结果图不仅费时费力，而且还会引入新的不确定性和误差。在实际工作和学习中，相关读者希望拥有一本用 Origin 软件处理物理化学实验数据的技术指导书，不仅能减少手工处理实验数据的复杂性，而且在很大程度上能减少手工处理数据过程中产生的误差。同时，Origin 数据分析功能能给出各项统计参数，绘图功能能给出各项拟合参数；而且处理得到的图形也更加美观。

本书是根据物理化学实验课程多年教学实践编写的，主要介绍物理化学实验数据的误差分析和处理方法，与数据处理相关的 Origin 软件的基本知识，并分 7 个专题给出了物理化学实验数据的 Origin 处理应用示例，包括线性拟合、非线性拟合、多项式拟合、多曲线图的绘制、三角坐标图的绘制、分段线性拟合及多峰拟合分析等。本书给出的示例为物理化学实验中一些典型和相对复杂的应用示例，目的是介绍 Origin 的相关处理方法，引导大家使用这种方法，从而推动实验教学质量和科学实验素养的提高，培养学生应用 Origin 软件解决实验和科研中的数据处理问题，提升学生综合、分析、实践、创新能力。另外，本书还给出了 Origin 处理化学实验数据的一些拓展应用示例，包括 XRD 谱图的处理、XPS 谱图分析、红外吸收光谱分析、三维瀑布图及等高线图和三维表面图的绘制，这些示例是学生在其他一些专业实验课程、毕业论文及科研工作中经常用到的，希望在之后的学习及工作中能够尝试应用，定会收到事半功倍的实效。

本书为化学国家级实验示范中心（宁夏大学）系列教材，同时也得到宁夏回族自治区"化学工程与技术"国内一流学科建设项目（CET-JX—2017B04）与"化学"一流专业建设项目的资助。

本书由彭娟、宋伟明、孙彦璞主编，由犹卫、杨锐、梁斌参编。

由于编者水平有限，书中难免有疏漏和不妥之处，敬请读者批评指正。

编者
2019 年 8 月

目录

▶▶▶

第❶章 ▶▶▶

绪论

1.1　计算机在实验数据处理中的应用

　　21世纪的高等教育，注重素质教育和创新教育，而现代信息技术的高速发展也给高等教育教学改革提出了新的更高的要求。加强现代信息技术在实验教学中的应用，对于培养适应21世纪社会经济发展所需要的科学严谨的高素质创新性人才，具有十分重要的意义和深远的影响。

　　计算机技术的迅速发展、智能仪器的使用，使得测量各种物性数据更加容易，获得的信息更加丰富；计算机强大的运算能力使得很多繁杂的数学运算手段能得以充分运用，极大地促进了物理化学理论的发展，为进一步挖掘有用信息提供了可能，计算机分析处理实验数据成为现实，用于数据处理的应用软件也应运而生，利用这类软件，使大量的数据处理变得方便、快捷。实验数据处理和科技绘图是高等院校理工科学生经常要面对的问题，同时也是本科生、研究生进行毕业论文或设计时不可缺少的技能。

1.2　物理化学实验的目的和要求

　　物理化学实验是化学教学体系中一门独立的课程，是继大学物理实验、无机化学实验、分析化学实验、有机化学实验后的一门实验课程，起着承前启后的桥梁作用。物理化学实验涉及数学、物理、计算机、无机化学、分析化学、有机化学和物理化学等多学科的基础知识和基本原理的理解与运用，尤其与物理化学课程的关系最为密切。物理化学课程注重物理化学理论知识的掌握，而物理化学实验则要求学生能够熟练运用物理化学原理解决实际化学问题。在实验技能的培养方面，物理化学实验涉及精密仪器的使用和多种仪器的组装，是一门需要多学科理论与实践支撑的实践性很强的综合性课程，也是培养学生创新意识和创新能力的重要环节。

　　物理化学实验的主要目的是使学生初步了解物理化学的研究方法，掌握物理化学的基本实验技术和技能。要求学生正确记录实验数据和现象，正确处理实验数据和分析实验结果，从而加深对物理化学基本理论的理解，增强解决实际化学问题的能力。通过本课程的学习，使学生既具备坚实的实验基础，又具有初步的科研能力，实现由学习知识与技能到进行科学研究的初步转变，为后续的毕业论文设计及将来从事化学理论研究和化学相关的实践活动打下良好的基础。

物理化学实验课和其他实验课一样，一是着重培养学生的动手能力：物理化学是整个化学学科的基本理论基础，物理化学实验是物理化学基本理论的具体化、实践化，是对整个化学理论体系的实践检验。物理化学实验方法不仅对化学学科十分重要，而且在实际生活中也有着广泛的应用，如对温度、压力等物理性质的测量，恒温的应用等。因此，对于物理化学实验，不应仅局限于化学的范围，而应该在弄懂原理的基础上举一反三，把所学的实验方法应用于实际，这样才能真正有所收获。二是着重强调实验方法的重要性：方法的好坏对实验结果有直接影响，对于每个物理化学性质往往都有几种不同方法可以测定，如测定液体的饱和蒸气压有静态法、动态法、气体饱和法等多种方法，而对实验数据的处理往往也有几种不同的方法。因此，我们要学会对不同方法加以分析比较，找出各自的优缺点，从而在实际应用中更得心应手。我们在实验过程中应注意提高自己实际工作的能力，要勤于动手，多开动脑筋，钻研问题，做好每个实验。为了做好实验，要求做到以下几点：实验前的预习、实验操作规范、遵守实验室规则、实验报告的书写。

物理化学实验报告一般应包括实验目的、实验原理、仪器及试剂、实验装置简图、实验操作步骤、原始数据和数据处理、结果和讨论等项。实验目的应简单明了，概述所用实验方法及研究对象；实验原理主要阐明实验的理论依据，辅以必要的公式即可；仪器装置要用简图表示，并注明各部分名称（有时可用方块图表示）；实验数据尽可能以表格形式表示，每一标题应有名称、单位，应把重点放在对数据的处理及结果的讨论上。数据处理中应写出计算公式，并注明公式中所需的已知常数的数值，注意各数值所用的单位。需要计算的数据必须列出具体算式，若计算结果较多时，也应用表格形式表示，并根据数据处理结果得出实验结论。要求学生能熟练运用 Excel、Origin 等计算软件制表和作图。图及数据与实验报告应粘贴在一起。讨论的内容可包括对实验现象的分析和解释，关于实验原理、操作、仪器设计、实验误差和实验的改进意见等问题的讨论，或实验过程中的一些典型现象的分析，实验结果可靠性的讨论及文献数据的对比，经验教训的总结和做实验的心得体会等。书写实验报告时，要求开动脑筋、钻研问题、耐心计算、仔细写作，字迹清楚整洁。通过写实验报告，达到加深理解实验内容、提高写作能力和培养严谨科学态度的目的。

1.3　学习物理化学实验数据处理方法的意义

物理化学实验是研究物质的物理性质以及这些性质与化学过程间的关系的。物理化学实验首先是通过各种测量手段获取所需的信息，然后使用适当的方法处理这些信息，得到结果。对于实验数据的处理是物理化学实验中的一个重要环节，也是实验教学的难点。因此，在物理化学实验教学中引入现代信息技术内容，运用计算机技术处理实验数据，让学生在学习经典基础物理化学实验理论和技术的同时，掌握先进的信息技术在实验中的应用也是很有必要的。

物理化学实验中，数据处理是实验的重要组成部分，是学生必须掌握的一项基本实验技能。由于物理化学实验数据多，公式计算繁杂，常需作图拟合处理，因此往往成为实验教学的难点之一。若用传统的手工作图处理数据，获取斜率和截距等参数，甚至进一步在手工描出的曲线上作切线、求曲线包围的面积等，既费时又不准确，主观随意性大，致使实验结果与文献值往往相差甚远，且工作效率低，已不能适应信息化时代的需求。若使用计算机作图软件处理，速度快，图像标准，结果唯一，不但可以减少在数据处理过程中人为因素产生的各种误差，提高实验结果的准确性，而且可以客观地评价学生的实验结果和成绩，极大地提高了工作效率，还能进一步提高教学质量和效果。因此，改变传统的数据处理方法，深化实验教学改革，是实现现代化教学的必然趋势。

近些年来，虽然有些物理化学实验教材附有计算机处理数据的程序，实验数据的计算机化处理方面的工作有所报道，但多使用 BASIC 或 FORTRAN 语言，大多数化学专业学生并未学习这些语言，不能很好地理解处理数据的过程，实际使用效果不理想。随着计算机应用的普及与深入发展，计算机作图软件越来越多，如 AutoCAD、Matlab、Maple 和 Origin 等软件。AutoCAD、Matlab、Maple 等软件虽功能强大，制图效果也好，但需要一定的计算机编程知识和矩阵知识，需要较多时间进行系统学习，普及应用有一定难度。Origin 是当今世界上最著名的科技绘图和数据处理软件之一，是公认的快速、灵活、易学的工程制图软件。目前，在世界各国科技工作者中使用较为普遍，而且使用范围越来越广泛。该软件的功能强大齐全，对化工类的实验数据处理非常方便，并且使用 Origin 就像使用 Word 那样简单，不需编程，只要输入测量数据，然后再选择相应的菜单命令，点击相应的工具按钮，即可方便地进行有关计算、统计、作图、曲线拟合等处理，易学易用，操作简便迅速，所以使用 Origin 软件进行实验数据处理，应该是更好的选择。

第❷章 ▶▶▶

物理化学实验中的误差分析及数据处理

在实验研究工作中，一方面要拟定实验的方案，选择一定精度的仪器和适当的方法进行测量；另一方面必须将所测得的数据加以整理归纳，科学地分析并寻求变量间的规律。但由于仪器和感觉器官的限制，实验测得的数据只能达到一定程度的准确性。因此，在着手实验之前要了解测量所能达到的准确度，以及在实验以后合理地进行数据处理，都必须具有正确的误差概念，在此基础上通过误差分析，选用最合适的仪器量程，寻找适当的实验方法，得出测量的有利条件。下面首先简要介绍有关误差等几个基本概念。

2.1 基本概念

2.1.1 误差

在任何一种测量中，无论所用仪器多么精密，方法多么完善，实验者多么细心，所得结果常常不能完全一致而会有一定的误差或偏差。严格地说，误差是指测定值与真值之差，偏差是指测定值与平均值之差。但习惯上常将两者混用而不加区别。

根据误差的种类、性质及产生的原因，可将误差分为系统误差、偶然误差和过失误差三种。

（1）系统误差　这种误差是由于某种特殊原因所造成的恒定偏差，或者偏大或者偏小，其数值总可设法加以确定，因而一般来说，它们对测量结果的影响可用改正量来校正。系统误差起因很多，例如：

① 仪器误差：这是由于仪器构造不够完善、示数部分的刻度划分得不够准确所引起的，如天平零点的移动等。

② 测量方法本身的限制：如根据理想气体状态方程式测量某蒸气的分子量时，由于实际气体较理想气体有偏差，不用外推法求得的分子量总较实际的分子量为大。

③ 个人习惯性误差：这是由于观测者有自己的习惯和特点所引起的，如记录某一信号的时间总是滞后、对颜色的感觉不灵敏、滴定终点总是偏高等。

系统误差决定测量结果的准确度。它恒偏于一方，偏正或偏负，测量次数的增加并不能使之消除。通常是用几种不同的实验技术或用不同的实验方法或改变实验条件、调换仪器等以确定有无系统误差存在，并确定其性质，设法消除或使之减少，以提高准确度。

（2）偶然误差 在实验时即使采用了完善的仪器，选择了恰当的方法，经过了精细的观测，仍会有一定的误差存在。这是由于实验者感官的灵敏度有限或技巧不够熟练、仪器的准确度限制，以及许多不能预料的其他因素对测量的影响所引起的。这类误差称为偶然误差。它在实验中总是存在的，无法完全避免，但它服从概率分布。偶然误差是可变的，有时大，有时小，有时正，有时负。但如果多次测量，便会发现数据的分布符合一般统计规律。这种规律可用图 2-1 正态分布曲线表示，此曲线的函数形式为：

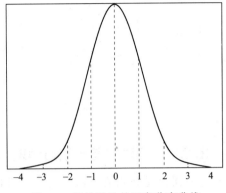

图 2-1 偶然误差的正态分布曲线

$$y = \frac{1}{\sqrt{2\pi}\,\sigma} e^{-\frac{x^2}{2\sigma^2}} \tag{2-1}$$

式中，σ 称为标准误差。

由正态分布曲线可以看出：

① 误差小的比误差大的出现机会多，故误差的概率与误差大小有关。个别特别大的误差出现的次数极少。

② 由于正态分布曲线与 y 轴对称，因此数值大小相同，符号相反的正、负误差出现的概率近于相等。如以 m 代表无限多次测量结果的平均值，在没有系统误差的情况下，它可以代表真值，σ 为无限多次测量所得标准误差。由数理统计方法分析可以得出，误差在 $\pm 1\sigma$ 内出现的概率是 68.3%，在 $\pm 2\sigma$ 内出现的概率是 95.5%，在 $\pm 3\sigma$ 内出现的概率是 99.7%，可见误差超过 $\pm 3\sigma$ 的出现概率只有 0.3%。因此如果多次重复测量中个别数据的误差之绝对值大于 3σ，这个极端值可以舍去。

偶然误差虽不能完全消除，但基于误差理论对多次测量结果进行统计处理，可以获得被测定的最佳代表值及对测量精密度作出正确的评价。在基础物理化学实验中的测量次数有限，若要采用这种统计处理方法进行严格计算，可查阅有关参考书。

（3）过失误差 这是由于实验过程中犯了某种不应有的错误所引起的，如标度看错、记录写错、计算出错等。此类误差无规则可寻，只要多加警惕、细心操作，过失误差是完全可以避免的。

2.1.2 准确度和精密度

准确度是表示观测值与真值接近的程度；精密度是表示各观测值相互接近的程度。精密度高又称再现性好。在一组测量中，尽管精密度很高，但准确度不一定很好；相反，若准确度好，则精密度一定高。准确度与精密度的区别，可用图 2-2 加以说明。例如甲、乙、丙三人同时测定某一物理量，其测定结果在图中以小圆点表示。从图 2-2 中可见，甲测定结果的精密度很高，但平均值与真值相差较大，说明其准确度低；乙测定结果的精密度不高，准确度也低；只有丙测定结果的精密度和准确度均较高。必须指出的是在科学测量中，只有设想的真值，通常是以运用正确测量方法并用校正过的仪器多次测量所得出的算术平均值，或载之文献手册的公认值来代替的。

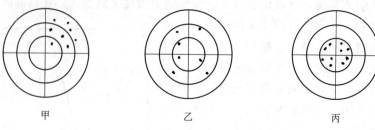

图 2-2 甲、乙、丙三人测定结果

2.1.3 绝对误差与相对误差

绝对误差是观测值与真值之差。相对误差是指误差在真值中所占百分数。它们分别可用下列两式表示：

$$绝对误差＝观测值－真值$$

$$相对误差＝\frac{绝对误差}{真值}\times 100\%$$

绝对误差的表示单位与被测者是相同的，而相对误差的单位为 1。因此不同物理量的相对误差可以相互比较。这样，无论是比较各种测量的精密度，还是评定测定结果的准确度，采用相对误差更为方便。

2.1.4 平均误差和标准误差

为了说明测量结果的精密度，一般以单次测量结果的平均误差表示，即

$$\bar{d}=\frac{|d_1|+|d_2|+\cdots+|d_n|}{n} \tag{2-2}$$

式中，d_1，d_2，$\cdots$，d_n 为第 1，2，$\cdots$，n 次测量结果的绝对误差。

单次测量结果的相对平均误差为

$$相对平均误差＝\frac{\bar{d}}{\bar{x}}\times 100\% \tag{2-3}$$

式中，$\bar{x}$ 为算术平均值。

用数理统计方法处理实验数据时，常用标准误差来衡量精密度。标准误差又称均方根误差，其定义为 $\sigma=\sqrt{\dfrac{\sum d_i^2}{n}}$，$i=1，2，3，\cdots，n$。当测量次数不多时，单次测量的标准误差 σ 可按下式计算：

$$\sigma=\sqrt{\frac{d_1^2+d_2^2+\cdots+d_n^2}{n-1}}=\sqrt{\frac{\sum d_i^2}{n-1}} \tag{2-4}$$

式中，d_i 为 $x_i-\bar{x}$，$\bar{x}$ 是 n 个观测值的算术平均值，即 $\bar{x}=\dfrac{x_1+x_2+\cdots+x_n}{n}$；$n-1$ 称为自由度，是指独立测量的次数减去处理这些观测值时所用的外加关系条件的数目。因此在有限观测次数时，计算标准误差公式中采用 $n-1$ 的自由度，起到了除去这个外加关系条件（$\bar{x}$ 等式）的作用。

用标准误差表示精密度要比用平均误差好，因此单次测量的误差平方之后，较大的误差更显著地反映出来，这就更能反映数据的分散程度。例如甲、乙两人打靶，每人两次，甲击中处距离靶中心为 1 寸和 3 寸，乙击中处则为 2 寸和 2 寸。这两人射击的平均误差都为 2。但乙的射击精密度要比甲高些，因为按照最小二乘方原理，甲的误差乘方和是 $1^2 + 3^2 = 10$，而乙的是 $2^2 + 2^2 = 8$。甲的标准误差为 $\sqrt{10}$，而乙的标准误差却为 $\sqrt{8}$。因此化学工作者在精密地计算实验误差时，大多采用标准误差，而不用以百分数表示的相对平均误差。

2.2 误差分析

在物理化学实验数据的测定工作中，绝大多数要对几个物理量进行测量，代入某种函数关系式，然后加以运算，才能得到所需的结果，这称为间接测量。在间接测量中每个直接测量值的准确度都会影响最后结果的准确性。例如在气体温度测量实验中，用理想气体状态方程式 $T = \dfrac{pV}{nR}$ 测定温度 T。因此 T 是各直接测量量 p、V 和 n 的函数。

通过误差分析我们可以查明直接测量的误差对函数误差的影响情况，从而找出影响函数误差的主要来源，以便选择适当的实验方法，合理配置仪器，以寻求测量的有利条件，因此误差分析是鉴定实验质量的重要依据。

误差分析限于结果的最大可能误差而估计，因此对各直接测量的量只要预先知道其最大误差范围就够了。当系统误差已经校正，而操作控制又足够精密时，通常可用仪器读数精密度来表示测量误差范围。如 50mL 滴定管为 ± 0.02mL，分析天平为 0.0002g，1/10 刻度的温度计为 $\pm 0.02℃$，贝克曼温度计为 $\pm 0.002℃$（或 K）等。

究竟如何具体分析每一步骤的测量误差对结果准确度的影响呢？这就是下面所要讨论的误差传递问题。

2.2.1 平均误差与相对平均误差的传递

设有函数
$$N = f(u_1, u_2, \cdots, u_n) \tag{2-5}$$
N 由 u_1，u_2，$\cdots$，u_n 各直接测量值所决定。

现已知测量 u_1，u_2，$\cdots$，u_n 时的平均误差分别为 Δu_1，Δu_2，$\cdots$，Δu_n，求 N 的平均误差 ΔN 为多少？

将式（2-5）全微分，得
$$\mathrm{d}N = \left(\frac{\partial N}{\partial u_1}\right)_{u_1, u_2 \cdots} \mathrm{d}u_1 + \left(\frac{\partial N}{\partial u_2}\right)_{u_1, u_3 \cdots} \mathrm{d}u_2 + \cdots + \left(\frac{\partial N}{\partial u_n}\right)_{\cdots, u_{n-2}, u_{n-1}} \mathrm{d}u_n \tag{2-6}$$

设各自变量的平均误差 Δu_1，Δu_2，$\cdots$，Δu_n 足够小时，可代替它们的微分 $\mathrm{d}u_1$，$\mathrm{d}u_2$，$\cdots$，$\mathrm{d}u_n$，并考虑到在最不利的情况下是直接测量的正、负误差不能对消，从而引起误差的积累，故取其绝对值，则式（2-6）可改写成：
$$\Delta N = \left|\frac{\partial N}{\partial u_1}\right| |\Delta u_1| + \left|\frac{\partial N}{\partial u_2}\right| |\Delta u_2| + \cdots + \left|\frac{\partial N}{\partial u_n}\right| |\Delta u_n| \tag{2-7}$$

如将式（2-7）两边取对数，再求微分，然后将 $\mathrm{d}u_1$，$\mathrm{d}u_2$，$\cdots$，$\mathrm{d}u_n$，$\mathrm{d}N$ 等分别换成 Δu_1，Δu_2，$\cdots$，Δu_n，ΔN，则可直接得出相对平均误差表达式：

$$\frac{\Delta N}{N} = \frac{1}{f(u_1, u_2, \cdots, u_n)} \left[\left| \frac{\partial N}{\partial u_1} \right| |\Delta u_1| + \left| \frac{\partial N}{\partial u_2} \right| |\Delta u_2| + \cdots + \left| \frac{\partial N}{\partial u_n} \right| |\Delta u_n| \right] \tag{2-8}$$

式(2-7)、式(2-8)分别是计算最终结果的平均误差和相对平均误差的普遍公式。由此可见，应用微分法进行直接函数相对平均误差的计算是较为简便的。例如：

（1）加法　设

$$N = u_1 + u_2 + u_3 + \cdots \tag{2-9}$$

将式(2-5)取对数再微分，并用自变量的平均误差代替它们的微分，得出最大相对平均误差：

$$\frac{\Delta N}{N} = \frac{|\Delta u_1| + |\Delta u_2| + |\Delta u_3| + \cdots}{u_1 + u_2 + u_3 + \cdots} \tag{2-10}$$

（2）减法　设

$$N = u_1 - u_2 - u_3 - \cdots \tag{2-11}$$

$$\frac{\Delta N}{N} = \frac{|\Delta u_1| + |\Delta u_2| + |\Delta u_3| + \cdots}{u_1 - u_2 - u_3 - \cdots} \tag{2-12}$$

（3）乘法　设

$$N = u_1 u_2 u_3 \tag{2-13}$$

$$\frac{\Delta N}{N} = \left| \frac{\Delta u_1}{u_1} \right| + \left| \frac{\Delta u_2}{u_2} \right| + \left| \frac{\Delta u_3}{u_3} \right| \tag{2-14}$$

（4）除法　设

$$N = \frac{u_1}{u_2} \tag{2-15}$$

$$\frac{\Delta N}{N} = \left| \frac{\Delta u_1}{u_1} \right| + \left| \frac{\Delta u_2}{u_2} \right| \tag{2-16}$$

（5）方次与根　设

$$N = u^n \tag{2-17}$$

$$\frac{\Delta N}{N} = \left| \frac{\Delta u}{u} \right| \tag{2-18}$$

[实例分析]　以苯为溶液，用凝固点降低法测定萘的摩尔质量，按下式计算：

$$M_B = \frac{K_f m_B}{m_A \Delta T_f} = \frac{K_f m_B}{m_A (T_0 - T)}$$

式中，直接测量值为 m_B、m_A、T_0、T。其中：溶质质量 m_B 为 0.1472g，若用分析天平称量，其绝对误差为 $\Delta m_B = 0.0002$g；溶剂质量 m_A 为 20g，若用托盘天平称量，其绝对误差为 $\Delta m_A = 0.05$g。

测量凝固点降低值，若用贝克曼温度计测量，其精密度为 0.002℃，测出溶剂的凝固点 T_0 三次，分别为 5.801℃，5.790℃，5.802℃。

$$\overline{T_0} = \frac{5.801℃ + 5.790℃ + 5.802℃}{3} = 5.798℃$$

各次测量偏差：

$$\Delta T_{01} = 5.801℃ - 5.798℃ = +0.003℃$$

$$\Delta T_{02} = 5.790℃ - 5.798℃ = -0.008℃$$

$$\Delta T_{03} = 5.802℃ - 5.798℃ = +0.004℃$$

平均绝对误差：

$$\Delta \overline{T}_0 = \pm \frac{0.003℃ + 0.008℃ + 0.004℃}{3} = \pm 0.005℃$$

溶液凝固点 T 测量三次，分别为 5.500℃、5.504℃、5.495℃，按上式计算可以得到：

$$\overline{T} = \frac{5.500℃ + 5.504℃ + 5.495℃}{3} = 5.500℃$$

同理可以求得

$$\Delta T = \pm 0.003℃$$

凝固点降低值为

$$\Delta T_f = T_0 - T = (5.798℃ \pm 0.005℃) - (5.500℃ \pm 0.003℃) = 0.297℃ \pm 0.008℃$$

由上述数据可得到相对误差为

$$\frac{\Delta(\Delta T_f)}{\Delta T_f} = \frac{\pm 0.008℃}{0.297℃} = \pm 0.027 = \pm 2.7 \times 10^{-2}$$

$$\frac{\Delta m_B}{m_B} = \frac{\pm 0.0002g}{0.15g} = \pm 1.3 \times 10^{-3}$$

$$\frac{\Delta m_A}{m_A} = \frac{\pm 0.05g}{20g} = \pm 2.5 \times 10^{-3}$$

则摩尔质量 M_B 的相对误差为

$$\frac{\Delta M_B}{M_B} = \frac{\Delta m_B}{m_B} + \frac{\Delta m_A}{m_A} + \frac{\Delta(\Delta T_f)}{\Delta T_f} = \pm(1.3 \times 10^{-3} + 2.5 \times 10^{-3} + 2.7 \times 10^{-2}) = \pm 0.031$$

$$M_B = \frac{5.12℃ \cdot kg \cdot mol^{-1} \times 0.1472g}{20g \times 0.297℃} = 127kg \cdot mol^{-1}$$

$$\Delta M_B = 127kg \cdot mol^{-1} \times (\pm 0.031) = \pm 3.9kg \cdot mol^{-1}$$

最终结果为

$$M_B = (127 \pm 4)kg \cdot mol^{-1}$$

由上所述，测定萘的摩尔质量最大相对误差为 3.1%。最大的误差来自温度差的测量。而温度差的平均相对误差则取决于测温的精密度和温差大小。测温精密度却受到温度计精度和操作技术条件的限制。例如增多溶质，ΔT_f 较大，相对误差可以减小，但溶液浓度过于增大则不符合上述要求的稀溶液条件，从而引入系统误差，实际上就不能使摩尔质量测得更准确些。

误差计算结果表明，由于溶剂用量较大，使用托盘天平其相对误差仍然不大；对溶质则因其用量少，就需用分析天平称量。

由于上例实验的关键在于温度差的读数，因此要采用精密温度计即贝克曼温度计，而且在实际操作中有时为了避免过冷现象的出现而影响温度读数，需要加入少量固体溶剂作为晶种，反而能获得较好的结果。可见事先计算各个所测定量的误差及影响，就能指导我们选择正确的实验方法，选用精密度相当的仪器，抓住测量的关键，从而得到质量较高的结果。

2.2.2 标准误差的传递

设函数为

$$N = f(u_1, u_2, \cdots, u_n)$$

式中，u_1，u_2，…，u_n 的标准误差分别为 σ_{u_1}，σ_{u_2}，…，σ_{u_n}，则 N 的标准误差为

$$\sigma_N = \left[\left(\frac{\partial N}{\partial u_1}\right)^2 \sigma_{u_1}^2 + \left(\frac{\partial N}{\partial u_2}\right)^2 \sigma_{u_2}^2 + \cdots + \left(\frac{\partial N}{\partial u_n}\right)^2 \sigma_{u_n}^2 \right]^{\frac{1}{2}} \tag{2-19}$$

此式证明从略。

式(2-19)是计算最终结果的标准误差的普遍公式。例如，$N = \dfrac{u_1}{u_2}$，则

$$\sigma_N = N \left(\frac{\sigma_{u_1}^2}{u_1^2} + \frac{\sigma_{u_2}^2}{u_2^2} \right)^{\frac{1}{2}} \tag{2-20}$$

关于平均值的标准误差的传递，只需用平均值的标准误差替代各分量的标准误差。

$$\sigma_{\overline{N}} = \left[\left(\frac{\partial N}{\partial \overline{u_1}}\right)^2 \sigma_{\overline{u_1}}^2 + \left(\frac{\partial N}{\partial \overline{u_2}}\right)^2 \sigma_{\overline{u_2}}^2 + \cdots + \left(\frac{\partial N}{\partial \overline{u_n}}\right)^2 \sigma_{\overline{u_n}}^2 \right]^{\frac{1}{2}} \tag{2-21}$$

[**实例分析**] 在气体温度测量实验中，用理想气体状态方程式 $T = \dfrac{pV}{nR}$ 测定温度 T，直接测量的 p、V、n 的数据及其精密度如下：

$$p = (50.0 \pm 0.1)\text{mmHg}$$
$$V = (1000.0 \pm 0.1)\text{cm}^3$$
$$n = (0.0100 \pm 0.0001)\text{mol}$$
$$R = 62.4 \times 10^3 \, \text{cm}^3 \cdot \text{mmHg} \cdot \text{mol}^{-1} \cdot \text{K}^{-1}$$

由式(2-20)可计算 T 的精密度 σ_T。

$$\sigma_T = \frac{pV}{nR} \left[\frac{\sigma_p^2}{p^2} + \frac{\sigma_n^2}{n^2} + \frac{\sigma_V^2}{V^2} \right]^{\frac{1}{2}}$$
$$= 80.2 \times \left[\left(\frac{0.1}{50}\right)^2 + \left(\frac{0.0001}{0.01}\right)^2 + \left(\frac{0.1}{1000}\right)^2 \right]^{\frac{1}{2}}$$
$$= 80.2 \times [4 \times 10^{-6} + 1 \times 10^{-4} + 1 \times 10^{-8}]^{\frac{1}{2}}$$
$$= \pm 0.8 \text{K}$$

即最终结果为 $(80.2 \pm 0.8)\text{K}$。

2.3 实验数据的记录与处理

2.3.1 有效数字

在物理化学实验中，为了得到准确的实验结果，不仅要准确地测量各种数据，而且还要正确地记录和计算。对任一物理量的测量，其数据不仅表示该物理量的大小，而且还反映了测量的准确程度，其准确度是有限的，我们只能以某一近似值表示。例如：

$$C = \frac{IUt}{\Delta T} = \frac{1.02\text{A} \times 0.98\text{V} \times 1260\text{s}}{0.802\text{K}} = 1570.44389\text{J} \cdot \text{K}^{-1}$$

从运算来讲，并无错误，但实际上用这样多位数字来表示上述测量结果是错误的，因为实验中所有的测量仪器不可能准确到这种程度。

2.3.2 有效数字的记录

（1）有效数字是指实际上能测量到的数字 记录数据和计算结果时究竟应该保留几位有

效数字，要根据使用仪器的准确度来确定，所保留的有效数字中只有最后一位是可疑数字。例如：分析天平称量质量 1.6848g，有效数字为五位；滴定管量取体积 24.40mL，有效数字为四位。

有效数字越多，表明测量结果的准确度越高，但超过测量精度的范围，多余的位数毫无意义。

（2）在确定有效数字时，要注意"0"这个符号　紧接小数点后的 0 仅用来确定小数点的位置，并不作为有效数字。例如 0.00015g 中小数点后三个 0 都不是有效数字。而 0.150g 中的小数点后的 0 是有效数字，至于 350mm 中的 0 就很难说是不是有效数字，最好用指数来表示，以 10 的方次前面的数字表示，如写成 3.5×10^2 mm，则表示有效数字为两位；写成 3.50×10^2 mm，则有效数字为三位；以此类推。

（3）在运算时舍去多余数字时，采用"四舍六入五成双"的原则　欲保留的末位有效数字其后面第一位数字小于 4 时，则舍去；若大于等于 6，则在前一位加上 1；若等于 5 时，如前一位数字为奇数，则加上 1（即成"双"），如前一位数字为偶数，则舍弃不计。例如，对 27.0235 取四位有效数字时，结果为 27.02；取五位有效数字时，结果为 27.024；但是将 27.015 与 27.025 取四位有效数字时，则都为 27.02。

2.3.3 有效数字的运算

（1）加减运算时，计算结果中有效数字末位的位置应与各项中绝对误差最大的那项相同。或者说保留各小数点后的数字位数应与最小者相同。例如 13.75，0.0084，1.642，三个数据相加，若各数末位都有 ±1 个单位的误差，则 13.75 的绝对误差 ±0.01 为最大的，也就是小数点后位数最少的是 13.75 这个数，所以计算结果的有效数字的末位应在小数点后第二位。

$$\begin{matrix} 13.75 \\ 0.0084 \\ +)\ 1.642 \\ \hline \end{matrix} \quad \xrightarrow{\text{舍去多余数后得}} \quad \begin{matrix} 13.75 \\ 0.01 \\ +)\ 1.64 \\ \hline 15.40 \end{matrix}$$

（2）若第一位有效数字等于 8 或大于 8 时，则有效数字位数可多计 1 位。例如 9.12 实际上虽然只有三位，但在计算有效数字时，可作四位计算。

（3）乘除运算时，所得的积或商的有效数字，应以各值中有效数字最低者为标准。例如：

$$2.3\times0.524=1.2$$

又如，1.751×0.0191/91 中 91 的有效数字最低，但由于首位是 9，故把它看成三位有效数字，其余各数都保留到三位。因此上式计算结果为 3.67×10^{-4}，保留三位有效数字。

在比较复杂的计算中，要按先加减后乘除的方法。计算中间各步可保留各数值位数较以上规则多一位，以免由于多次四舍六入引起误差的积累，对计算结果带来较大影响。但最后结果仍只保留其应有的位数。例如：

$$\left[\frac{0.663\times(78.24+5.5)}{881-851}\right]^2=\left[\frac{0.663\times83.7}{30}\right]^2=3.4$$

（4）在所有计算式中，常数 π、e 及乘子（如 $\sqrt{2}$）和一些取自手册的常数，可无限制地按需要取有效数字的位数。例如当计算式中有效数字最低者二位，则上述常数可取二位或三位。

（5）在对数计算中，所取对数的位数应与真数的有效数字相同。

① 真数有几位有效数字，则其对数的尾数也应有几位有效数字。例如：

$$lg317.2 = 2.5013；\quad lg7.1 \times 10^{28} = 28.85$$

②对数的尾数有几位有效数字，则其反对数也应有几位有效数字。例如：

$$1.3010 = lg0.2000；\quad\quad 0.652 = lg4.49$$

（6）在整理最后结果时，要按测量的误差进行化整，表示误差的有效数字一般只取一位，至多也不超过二位，如 1.45 ± 0.01。当误差第一位数为 8 或 9 时，只需保留一位。任何一个物理量的数据，其有效数字的最后一位，在位数上应与误差的最后一位相对应。

（7）计算平均值时，若为四个数或超过四个数相平均，则平均值的有效数字位数可增加一位。

思 考 题

1. 指出下列情况属于偶然误差还是系统误差？

（1）视差；

（2）游标尺零点不准；

（3）天平零点漂移；

（4）水银温度计毛细管不均匀。

2. 测量某样品的质量和体积的平均结果 $m = 10.287g$，$V = 2.319mL$，它们的标准误差分别为 $0.008g$ 和 $0.006mL$，求此样品的密度。

3. 在 629K 测定 HI 的解离度 α 时得到下列数据：

$$0.1914，0.1953，0.1968，0.1956，0.1937，$$
$$0.1949，0.1948，0.1954，0.1947，0.1938。$$

解离度 α 与平衡常数的关系为

$$2HI \Longrightarrow H_2 + I_2$$

$$K = \left[\frac{\alpha}{2(1-\alpha)} \right]^2$$

试求在 629K 时的平衡常数及其标准误差。

第 **3** 章 ▶▶▶

物理化学实验数据的表达方法

实验数据的表达，主要有三种方法：列表法、图解法和方程式法。

3.1 列 表 法

在物理化学实验中，用表格来表示实验结果是指自变量与因变量一个一个地对应着排列起来，以便从表格上能清楚而迅速地看出两者的关系。作表格时，应注意以下几点：

（1）表格名称 每一表格均应有一个完整而简明的名称。

（2）物理量与单位 将表格分成若干行，每一物理量应占表格中一行，每一行的第一列写出该行物理量的名称及量与单位的比值。例如：$t/℃$、p/kPa、V/m^3 等。

（3）正确使用有效数字。

（4）指数形式的写法 用指数来表示数据中小数点的位置时，为简便起见，可以将指数放在物理量名称旁，但此时指数上的正、负号易号。

例如，将液体饱和蒸气压测量实验的原始数据列于表 3-1 中。

表 3-1 不同温度下乙醇的饱和蒸气压

温度 $t/℃$	25	30	35	40	45	50
蒸气压 p/kPa	-81.47	-79.27	-76.00	-71.99	-66.90	-60.62

将表 3-1 进行数据处理［摄氏温度 t 换算成热力学温度 T 的倒数 $1/T$、蒸气压取 p 自然对数 $\ln(p/kPa)$］后的结果列于表 3-2 中。

表 3-2 $\ln(p/kPa)$ 与 $\dfrac{1}{T}$ 的对应关系

$\dfrac{1}{T}/(10^{-3}\,K^{-1})$	3.35	3.30	3.25	3.19	3.14	3.09
$\ln(p/kPa)$	2.15	2.38	2.64	2.89	3.14	3.38

3.2 图 解 法

列表法虽然简单，但不能反映出自变量和因变量之间连续变化的规律性，而利用图解法可以直观显示出变量间的依赖关系，同时可以从图中求内插值、外推值、曲线的斜率，发现极值、转折点及其他周期性变化规律等。在物理化学实验中最常见的图形是直线，由直线可以求出斜率和截距，从而计算所需的物理量。

图解法被广泛应用，其中重要的有：

(1) 求内插值　根据实验所得的数据，作出函数相互的关系曲线，然后找出与函数相应的物理量的数值。例如在溶解热的测定中，根据不同浓度时的积分溶解热曲线，可以直接找出某一种盐溶解在不同量的水时所放出的热量。

(2) 求外推值　在某些情况下，测量数据间的线性关系可用于外推至测量范围以外，求某一函数的极限值，此种方法称为外推法。例如，强电解质溶液的极限摩尔电导率 Λ_m^∞ 的值不能由实验直接测定，但可用 Λ_m^∞ 与 $\sqrt{c}$ 的线性关系外推至 $c \to 0$ 而求得。

(3) 作切线求函数的微商　从曲线的斜率求函数的微商在物理化学实验数据处理中是经常应用的。例如，利用反应系统中某反应物（或产物）浓度随时间变化的曲线作切线，其斜率 $\dfrac{dc_B}{dt}$ 即为某一时刻的反应速率。

(4) 求经验方程式　如反应速率常数 k 与活化能 E_a 的关系式即阿伦尼乌斯（Arrhenius）公式：

$$k = A e^{-E_a/(RT)}$$

若根据不同温度下的 k 值，作 $\ln k$ 和 $1/T$ 的图，则可得一条直线，由直线的斜率和截距可分别求得活化能 E_a 和指前因子 A 的数值。

(5) 由求面积计算相应的物理量　例如在求电荷量时，只要以电流和时间作图，求出相应一定时间的曲线下所包围的面积，即得电荷量数值。

(6) 求转折点和极值　例如电位滴定和电导滴定时等电点的求得，最高和最低恒沸点的确定等都是应用图解法。

手绘作图的一般步骤和原则为：

① 作图使用的工具是铅笔、直尺和曲线尺，坐标纸为直角坐标纸（此外还有半对数坐标、对数坐标和三角坐标）。

② 坐标轴习惯上以自变量为横坐标，以因变量为纵坐标，并注明名称和单位。横坐标与纵坐标的读数不一定从零开始，视情况而定。

③ 比例尺的选择尤为重要，要能表示全部有效数字，使从图解法求得物理量的精确度与测量的精确度一致；坐标纸上每一小格（1mm）所表示的数量是 1、2 或 5，使坐标方便易读；要充分利用坐标纸的全部面积，使全图匀称合理；若图形为直线，应使直线与横坐标交角尽量接近于 45°。

④ 描点：将所得数据各点绘于图上，点的大小应代表测量精确度。若测量精确度高，点应小而实，反之则大些。连线：用直尺或曲线尺画出尽可能接近于各点的曲线，曲线应光滑、均匀、清晰；曲线不必通过所有的点，应使不在曲线上的点均匀地分布在曲线的两侧。

例如，利用上述表 3-2 中的数据作图。传统的绘图是在坐标纸上先描点，再用直尺画出直线图，在直线上取两点的坐标，从而求出直线的斜率。如果采用 Origin 绘图，则需要录入数据，作散点图，线性拟合，坐标名称及坐标轴的调整等步骤，图 3-1 是利用表 3-2 的数据得到的直线图及线性拟合方程，由拟合方程可得直线的斜率。

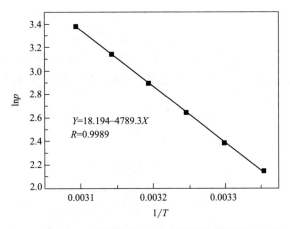

图 3-1 由表 3-2 的数据得到的直线图及线性拟合方程

3.3 方程式法

每一组实验数据可以用数学经验方程式表示，不但表达方式简单、记录方便，而且也便于求微分、积分或内插值。实验方程式是客观规律的一种近似描绘，它是理论探讨的线索和根据。例如，液体或固体的饱和蒸气压 p 与温度 T 曾发现符合下列经验式：

$$\ln p = \frac{A}{T} + B$$

后来由化学热力学原理可推出饱和蒸气压与温度有如下的关系：

$$\ln p = \frac{-\Delta_{vap} H_m}{R} \times \frac{1}{T} + B$$

因此作出 $\ln p$ 与 $\frac{1}{T}$ 的图，由直线的斜率可求得 A 的值，而 $A = \frac{-\Delta_{vap} H_m}{R}$，这样就可以求出 $\Delta_{vap} H_m$。

建立经验方程式的基本步骤：

① 将实验测定的数据加以整理与校正。

② 选出自变量和因变量，并绘出曲线。

③ 由曲线的形状，根据解析几何的知识，判断曲线的类型。

④ 确定公式的形式，将曲线变换成直线关系或者选择常数将数据表达成多项式。常见的例子如表 3-3 所示。

表 3-3 确定公式形式的常见实例

方程式	变换	直线化后得到的方程式
$y = a\,e^{bx}$	$Y = \ln y$	$Y = \ln a + bx$
$y = ax^b$	$Y = \lg y, X = \lg x$	$Y = \lg a + bx$
$y = \dfrac{1}{a+bx}$	$Y = \dfrac{1}{y}$	$Y = a + bx$
$y = \dfrac{x}{a+bx}$	$Y = \dfrac{x}{y}$	$Y = a + bx$

⑤ 用图解法、计算法来决定经验公式中的常数。

a. 图解法：简单方程

$$y = a + bx \tag{3-1}$$

在 x-y 直角坐标图上，用实验数据描点得一直线，可用两种方法求 a 和 b。

方法一即截距斜率方法。将直线延长交于 y 轴，在 y 轴上的截距即为 a，而直线与 x 轴的交角若为 θ，则斜率就可求得。

方法二即端值方法。在直线两端选两个点 (x_1, y_1)、(x_2, y_2) 将它们代入上式即得

$$y_1 = a + bx_1$$
$$y_2 = a + bx_2$$

由此即可求得

$$b = \frac{y_1 - y_2}{x_1 - x_2}$$

$$a = y_1 - bx_1 = y_2 - bx_2$$

b. 计算法：不用作图而直接由所测数据进行计算。设实验得到 n 组数据 (x_1, y_1)、(x_2, y_2)、(x_3, y_3)、…、(x_n, y_n)。代入式(3-1) 得

$$\left.\begin{cases} y_1 = a + bx_1 \\ y_2 = a + bx_2 \\ \bullet \\ \bullet \\ \bullet \\ y_n = a + bx_n \end{cases}\right\} \tag{3-2}$$

由于测定值各有偏差，若定义

$$\delta_i = y_i - (a + bx_i) \quad i = 1, 2, 3, \cdots \tag{3-3}$$

δ_i 为 i 组数据的残差。对残差的处理有两种不同的方法。

ⅰ. 方法一即平均法。这是最简单的方法，令经验方程式残差的代数和等于零，即

$$\sum_{i=1}^{n} \delta_i = 0$$

计算时把方程组式(3-2) 分成数目相等或接近相等的两组，按下式叠加起来，得到下面两组方程，可解出 a 和 b。

例如，设 $y = ax + b$

x	1	3	8	10	13	15	17	20
y	3.0	4.0	6.0	7.0	8.0	9.0	10.0	11.0

依次代入式(3-2) 得下列 8 个方程式：

$a + b = 3.0$	(1)	$a + 13b = 8.0$ (5)
$a + 3b = 4.0$	(2)	$a + 15b = 9.0$ (6)
$a + 8b = 6.0$	(3)	$a + 17b = 10.0$ (7)
$a + 10b = 7.0$	(4)	$a + 20b = 11.0$ (8)

将式(1)～式(4) 分为一组，相加得一方程式；式(5)～式(8) 分为另一组，相加得另一方程式，即

$$4a + 22b = 20.0$$
$$4a + 65b = 38.0$$

解此联立方程式得

$$a = 2.70, \quad b = 0.420$$

代入原方程得

$$y = 2.70 + 0.420x$$

ⅱ. 方法二即最小二乘法。这是最准确的处理方法，其根据是残差的平方和为最小，即

$$\Delta = \sum_{i=1}^{n} \delta_i^2 = 最小$$

按上例可得

$$\Delta = \sum_{i=1}^{n} [y_i - (a + bx_i)]^2 = 最小$$

由函数有极小值的必要条件可知 $\frac{\partial \Delta}{\partial a}$ 和 $\frac{\partial \Delta}{\partial b}$ 必等于零，因此可得到下列两个方程式：

$$\frac{\partial \Delta}{\partial a} = -2(y_1 - a - bx_1) - 2(y_2 - a - bx_2) - \cdots - 2(y_n - a - bx_n) = 0$$

或

$$(y_1 - a - bx_1) + (y_2 - a - bx_2) + \cdots + (y_n - a - bx_n) = 0$$

即

$$\sum y_i - na - b\sum x_i = 0$$

同理可得

$$\frac{\partial \Delta}{\partial a} = -2x_1(y_1 - a - bx_1) - 2x_2(y_2 - a - bx_2) - \cdots - 2x_n(y_n - a - bx_n) = 0$$

即

$$\sum x_i y_i - a\sum x_i - b\sum x_i^2 = 0$$

解上述 $\frac{\partial \Delta}{\partial a} = 0$ 与 $\frac{\partial \Delta}{\partial b} = 0$ 的联立方程式，得

$$a = \frac{\sum xy \sum x - \sum y \sum x^2}{(\sum x)^2 - n\sum x^2} \tag{3-4}$$

$$b = \frac{\sum x \sum y - n\sum xy}{(\sum x)^2 - n\sum x^2} \tag{3-5}$$

[实例分析] 按下表求出 a 与 b 的值

x	y	x^2	xy
1	3.0	1	3.0
3	4.0	9	12.0
8	6.0	64	48.0
10	7.0	100	70.0
13	8.0	169	104.0
15	9.0	225	135.0
17	10.0	289	170.0
20	11.0	400	220.0

由表可知：

$$n = 8$$

$$\sum x = 87, \quad \sum y = 58.0$$
$$\sum x^2 = 1257, \quad \sum xy = 762.0$$

代入式(3-4)、式(3-5) 得

$$a = 2.66$$
$$b = 0.422$$

所以

$$y = 2.66 + 0.422x$$

求出方程式后，最好选择一两个数据代入公式，加以核对验证。若相距太远，还可改变方程的形式或增加常数，重新求得更准确的方程式。

如若方程的形式为

$$y = a + bx_1 + cx_2 \tag{3-6}$$

式中，x_1、x_2 均为独立变量，故是二元线性回归。如实验数据是

$$x_1 = x_{11}, x_{12}, x_{13}, \cdots, x_{1m}$$
$$x_2 = x_{21}, x_{22}, x_{23}, \cdots, x_{2m}$$

对应的 y 值是

$$y = y_1, y_2, y_3, \cdots, y_m$$

按上述一元线性回归的方法：

$$\frac{\partial \sum_{i=1}^{m} \delta_i^2}{\partial a} = -2 \sum_{i=1}^{m} (y_i - a - bx_{1i} - cx_{2i})$$

$$\frac{\partial \sum_{i=1}^{m} \delta_i^2}{\partial b} = -2 \sum_{i=1}^{m} (y_i - a - bx_{1i} - cx_{2i})(x_{1i})$$

$$\frac{\partial \sum_{i=1}^{m} \delta_i^2}{\partial c} = -2 \sum_{i=1}^{m} (y_i - a - bx_{1i} - cx_{2i})(x_{2i})$$

令偏微商等于零，并引入平均值：

$$m\overline{x}_1 = \sum_{i=1}^{m} x_{1i}, \quad m\overline{x}_2 = \sum_{i=1}^{m} x_{2i}, \quad m\overline{y} = \sum_{i=1}^{m} y_i$$

$$m\overline{x}_1^2 = \sum_{i=1}^{m} x_{1i}^2, \quad m\overline{x_1 x_2} = \sum_{i=1}^{m} x_{1i} x_{2i} = \sum_{i=1}^{m} x_{2i} x_{1i},$$

$$m\overline{x}_2^2 = \sum_{i=1}^{m} x_{2i}^2, \quad m\overline{x_1 y} = \sum_{i=1}^{m} x_{1i} y_i, \quad m\overline{x_2 y} = \sum_{i=1}^{m} x_{2i} y_i \text{。}$$

可得

$$\overline{y} - a - b\overline{x}_1 - c\overline{x}_2 = 0 \tag{3-7}$$

$$\overline{x_1 y} - a\overline{x}_1 - b\overline{x}_1^2 - c\overline{x_1 x_2} = 0 \tag{3-8}$$

$$\overline{x_2 y} - a\overline{x}_2 - b\overline{x_1 x_2} - c\overline{x}_1^2 = 0 \tag{3-9}$$

由式(3-7) 得

$$a = \overline{y} - b\overline{x}_1 - c\overline{x}_2 \tag{3-10}$$

代入式(3-8)、式(3-9) 并整理得

$$b(\overline{x}_1^2 - \overline{x_1^2}) + c(\overline{x}_1 \overline{x}_2 - \overline{x_1 x_2}) = \overline{x}_1 \overline{y}$$

$$b(\overline{x_1 x_2} - \overline{x_1}\,\overline{x_2^2}) + c(\overline{x_2^2} - \overline{x_2}^2) = \overline{x_2 y} - \overline{x_2}\,\overline{y}$$

令

$$l_{11} = \overline{x_1^2} - \overline{x_1}^2, \qquad l_{12} = \overline{x_1 x_2} - \overline{x_1}\,\overline{x_2}, \qquad l_{22} = \overline{x_2^2} - \overline{x_2}^2,$$
$$l_{1y} = \overline{x_1 y} - \overline{x_1}\,\overline{y}, \qquad l_{2y} = \overline{x_2 y} - \overline{x_2}\,\overline{y}。$$

解方程，得

$$b = \frac{l_{1y} l_{22} - l_{2y} l_{12}}{l_{11} l_{22} - l_{12}^2} \qquad c = \frac{l_{11} l_{2y} - l_{12} l_{1y}}{l_{11} l_{22} - l_{12}^2} \tag{3-11}$$

把求得的 b、c 再代回式(3-10) 即得 a。引用记号 l (l_{11}, l_{12}, …) 后，就可把公式推广到多元的情况。

思 考 题

1. 乙胺在不同温度下的蒸气压如下：

$t/℃$	−13.9	−10.4	−5.6	0.9	5.8	11.5	16.2
p/kPa	24.39	31.19	37.56	49.52	64.15	79.41	100.04

试绘出 p-t 及 $\ln p$-$\dfrac{1}{T}$ 关系曲线，并求出乙胺的蒸气压与温度的关系式。

2. 在不同温度下测得偶氮异丙烷分解速率系数，其分解反应式和数据结果如下：

$$C_3H_7NNC_3H_7 = C_6H_{14} + N_2$$

$\dfrac{1}{T}/K^{-1}$	0.001776	0.001808	0.001842	0.001876	0.001912
k	0.00771	0.00392	0.00192	0.00100	0.00046

(1) 试用直线画法作图验证 k 与 T 间的关系，可用下列指数函数式表示：

$$k = A e^{-\frac{E}{RT}}$$

(2) 求出 A、E 值，并写出完整的方程式。

第❹章 ▶▶▶

Origin 9.1的基本操作

Origin 为 Origin Lab 公司出品的专业函数绘图软件，是公认的简单易学、操作灵活、功能强大的软件，既可以满足一般用户的制图需要，也可以满足高级用户数据分析、函数拟合的需要。目前数据分析及科技绘图软件除 Origin 外，还有 Matlab，Mathmatica 和 Maple 等。这些软件功能强大，可满足科技工作中的许多需要，但使用这些软件需要一定的计算机编程知识和矩阵知识，还要熟悉其中大量的函数和命令。而使用 Origin 就像使用 Windows 和 Microsoft Office 那样简单，只需点击鼠标，选择菜单命令就可以完成大部分工作，并获得满意的结果。像 Microsoft Excel 和 Word 一样，Origin 是个多文档界面应用程序。它将所有工作都保存在 Project（*.OPJ）文件中。该文件可以包含多个子窗口，如 Workbook、Graph、Matrix、Excel 等。各子窗口之间是相互关联的，可以实现数据的即时更新。子窗口可以随 Project 文件一起存盘，也可以单独存盘，以便其他程序调用。

Origin 具有两大主要功能：数据分析和科技绘图。Origin 的数据分析主要包括统计、信号处理、图像处理、峰值分析和曲线拟合等各种完善的数学分析功能。准备好数据后，进行数据分析时，只需选择所要分析的数据，然后再选择相应的菜单命令即可。Origin 的绘图是基于模板的，Origin 本身提供了几十种二维和三维绘图模板，而且允许用户自己定制模板。绘图时，只要选择所需要的模板即可。用户可以自定义数学函数、图形样式和绘图模板；可以和各种数据库软件、办公软件、图像处理软件等方便地连接。

Origin 也可以导入包括 ASCII、Excel 在内的多种数据。另外，它可以把 Origin 图形输出为多种格式的图像文件，譬如 JPEG、GIF、EPS、TIFF 等。目前，Origin 9.1 是 Origin 的最新版本，可以支持编程，以方便拓展 Origin 的功能和执行批处理任务。Origin 里面有两种编程语言——LabTalk 和 Origin C。在 Origin 的原有基础上，用户可以通过编写 X-Function 来建立自己需要的特殊工具。X-Function 可以调用 Origin C 和 NAG 函数，而且可以很容易地生成交互界面。用户可以定制自己的菜单和命令按钮，把 X-Function 放到菜单和工具栏上，以后就可以非常方便地使用自己的定制工具。

与 Origin 8.0 相比，Origin 9.1 不仅在菜单设计和具体操作等很多方面做了大量改进，而且在数据管理、数据分析处理和图形绘制等方面都有较大的提升，提供了更强大、更专业的功能。本书以 Origin 9.1 为基础，对其基本操作及主要功能进行介绍。

4.1 Origin 9.1的工作界面

Origin 9.1 的工作界面与 Microsoft Office 软件界面相似，是由 Menus（菜单栏）、Toolbars（工具栏）、Workbooks（工作表窗口）、Graphs（图形窗口）、Project Explorer（项目管理器）和 Status Bar（状态栏）等部分组成，如图 4-1 所示。

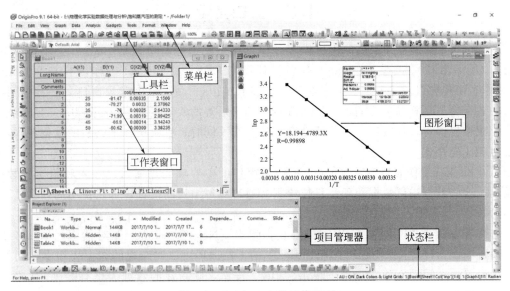

图 4-1　Origin 9.1 的工作界面

（1）Menus（菜单栏）　Origin 9.1 的菜单栏位于工作界面的顶部。菜单栏中的每个菜单又包括下拉菜单和子菜单。当前的活动窗口不同时，主菜单及其各子菜单的内容并不完全相同。通过主菜单栏中的每个菜单单项（包括下拉菜单和子菜单），可以完成 Origin 软件的设置，并能够实现其所有功能。

（2）Toolbars（工具栏）　工具栏位于菜单栏下边和左边，还有一部分在工作窗口的最下边和最右边。Origin 9.1 提供了分类合理且功能强大的多种工具。经常使用的菜单命令都可以通过工具栏中的快捷命令按钮来实现，其中包括编辑工具、图形工具等，给用户带来了很大的方便。

（3）Workbooks（工作表窗口）　工作表窗口位于工作界面的中部区域，是 Origin 最基本的一个子窗口，主要用于实验数据的输入、导入、转换和分析等功能。打开 Origin 新文件，默认的第一个窗口就是数据表窗口。一个数据表窗口可容纳多达 255 个数据表格，每个数据表格最多可容纳 100 万行和 1 万列数据。

（4）Graphs（图形窗口）　图形窗口也位于工作界面的中部区域，是 Origin 中最重要的一个窗口，是把 Workbooks（工作表）中的实验数据转变成科学图形，并进行分析和处理的空间，共有几十种二维和三维图形模板可供选择，以满足用户不同的制图要求，同时也允许用户自己定制模板。一个项目文件中的数据表窗口和图形窗口是互相关联的，可以实现图形和数据的同步更新。

（5）Project Explorer（项目管理器）　项目管理器位于 Origin 工作界面的下方。一个 Origin 项目文件相当于一个大容器，包含了多个数据表、多个图形、分析结果等内容。为了方便管理，Origin 软件把有关的操作集中放在 Project Explorer（项目管理器）中进行，其功能类似于 Windows 的资源管理器。对于一个具体的工作，通常用一个 Origin Project（项目文件）来组织。

（6）Status Bar（状态栏） Origin 工作界面的最下边是状态栏，主要用于显示当前活动窗口和工作内容，以及鼠标指向的工具的使用说明和用途，统计当前选择的数据表、矩阵和图形的数量。

4.2　窗口类型

Origin 9.1 为图形和数据分析提供多种窗口类型。这些窗口包括 Book（工作表窗口）、Graph（图形窗口）、Layout Page（版面设计窗口）、Excel（Excel 工作簿窗口）、Matrix（多工作表矩阵窗口）、Notes（记事本窗口） 和 Results Log（结果记录窗口）。一个项目文件中的各个窗口是相互关联的，可以实现数据和图形等的实时更新。Origin 9.1 的功能非常强大，菜单界面也较为复杂。当前活动窗口的类型不同时，主菜单和工具栏的结构和内容也会发生相应的变化。

（1）Book（工作表窗口） Origin 工作表窗口的主要功能是输入、导入和组实验数据，以及利用这些数据进行数据处理和科技绘图。通过对每个列的设置，可以在不同列存放不同类型的数据。

选择菜单命令 "File/New/Worksheet"，弹出 "New Worksheet" 对话框，如图 4-2 所示。通过在该窗口的 "Column Designation" 的下拉选项可以对新建的数据表格中各列的属性进行设置。选择 "XYE" 选项，单击 "OK" 按钮，则新建的数据表格有 3 列，如图 4-3 所示，分别为 "A(X)（X 列）" "B(Y)（Y 列）" "C(yEr)（Y 列的误差列）"。工作表窗口的最上边一行为标题栏。通过双击各列的标题栏，打开 "Column Properties" 对话框，如图 4-4 所示，可以对列属性进行设置。数据表中的数据可以手动输入，也可以通过菜单命令 "File/Import" 导入，选取数据表中的列数据可以进行数据处理和作图。

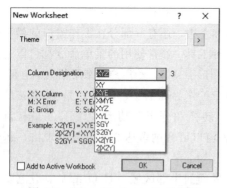

图 4-2　"New Worksheet" 对话框

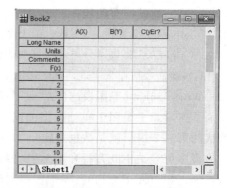

图 4-3　新建的工作表窗口（列设置为 "XYE"）

（2）Graph（图形窗口） 图形窗口相当于图形编辑器，用于图形的绘制和修改。每个图形窗口都对应着一个可编辑的页面，可包含多个图层、多个轴、注释及数据标注等多个图形对象。图 4-5 为一个典型的具有 2 个图层、多轴的绘图窗口。一个项目文件里可以同时包含多个绘图窗口、工作表工作簿窗口等。当绘图窗口创建后，可以双击该绘图窗口中的图层标记或者右键选择 "Layer Contents" 命令，打开 "Layer Contents" 对话框，如图 4-6 所示。通过该对话框对该图层的绘图数据的工作表进行选择，可对该图层绘图进行设置。还可以通过右键选择"Plot Details"命令，打开"Plot Details"对话框，如图 4-7 所示，对曲线进行选择和设置。

图 4-4　"Column Properties"对话框

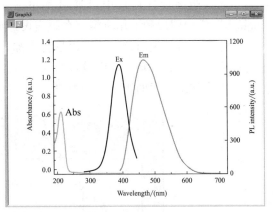

图 4-5　具有 2 个图层、多轴的绘图窗口

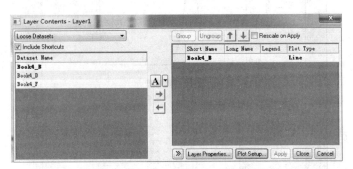

图 4-6　"Layer Contents"对话框

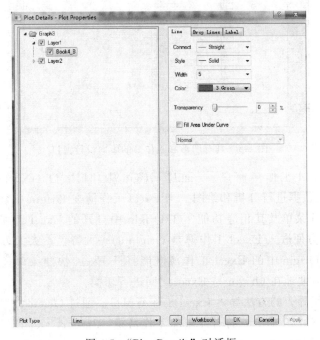

图 4-7　"Plot Details"对话框

（3）Layout Page（版面设计窗口）　版面设计窗口是用来将绘出的图形和工作簿结合起来进行展示的窗口。当需要在版面设计窗口展示图形和工作簿时，可通过选择菜单"File/New/Layout"命令，或单击标准工具栏中按钮 📖，在该项目文件中新建一个版面设计窗口，然后在该版面设计窗口中可通过菜单命令"Layout/Add graph"或者"Layout/Add worksheet"添加图形和工作簿等。在版面设计窗口，工作簿、图形和其他文件等都是特定的对象，除不能进行编辑外，均可以进行添加、移动、改变大小等操作。用户通过对图形位置进行排列，可设置自定义版面设计窗口，以 PDF 或 EPS 文件等格式输出。图 4-8 为一典型的具有图形和工作簿的版面设计窗口。

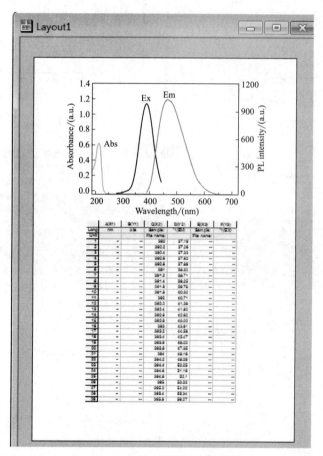

图 4-8　具有图形和工作簿的版面设计窗口

（4）Excel（Excel 工作簿窗口）　通过 Origin 中"File/Open Excel"命令，可打开 Excel 工作簿并用其数据进行分析和绘图。当 Excel 工作簿在 Origin 中被激活时，主菜单中包括 Origin 和 Excel 菜单及其相应功能。在 Origin 中打开的 Excel 工作簿窗口如图 4-9 所示。在 Origin 中能方便嵌入 Excel 工作簿是 Origin 的一大特色，大大方便了与办公软件的数据交换。嵌入在 Origin 中的 Excel 工作簿既能打开 Excel 快捷菜单，也可以打开 Origin 快捷菜单，这样可方便地在 Origin 与 Excel 之间进行切换。

此外，也可采用导入的方法导入 Excel 工作簿窗口。通过 Origin 中"File/Import/Excel（XLS，XLSX，XLSM）"命令，打开 Excel 工作簿的"Import and Export：impExcel"窗口（见图 4-10），在该对话框中可以对导入的 Excel 工作簿进行设置。

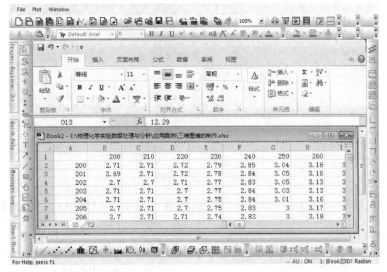

图 4-9　嵌入在 Origin 中的 Excel 工作簿

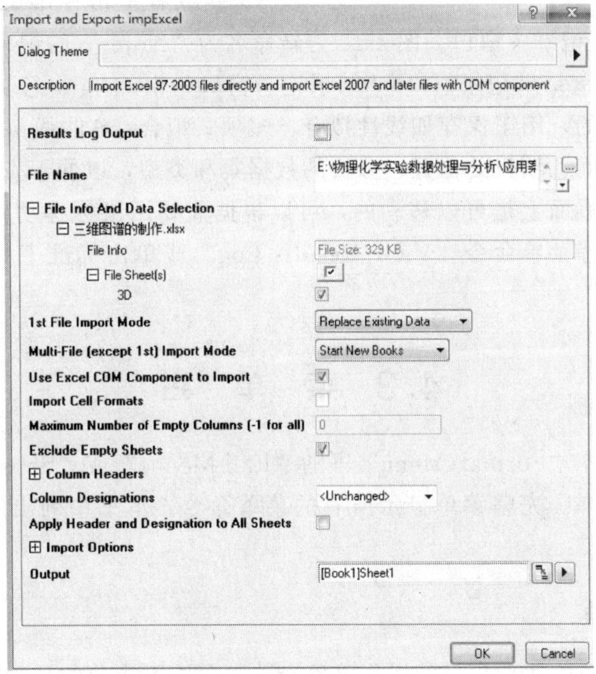

图 4-10　"Import and Export：impExcel"窗口

（5）Matrix（多工作表矩阵窗口）　与 Origin 9.1 中多工作表工作簿相同，多工作表矩阵窗口也可以由多个矩阵工作表构成，图 4-11 所示为工作表矩阵窗口。当新建一个多工作表矩阵窗口时，默认的矩阵窗口和工作表分别以"Mbook1"和"Msheet1"命名。矩阵工作表用特定的行和列来表示与 X 和 Y 坐标对应的 Z 值，可用来绘制等高线图、3D 图和表面图等。矩阵工作表没有列标题和行标题，默认时用其列和行对应的数字表示。利用该窗口可以方便地进行矩阵运算，如转置、求逆等，也可以通过矩阵工作表直接输出各种三维图表。通过 Origin 中菜单命令"File/Open/Matrix"，可打开多工作表矩阵窗口。Origin 还有多个将工作表转变为矩阵的方法，如在工作表被激活时，选取菜单命令 "Worksheet/Convert to Matrix"，即可将工作表转变为矩阵。

<table>
<tr><td></td><td>1</td><td>2</td><td>3</td><td>4</td><td>5</td><td>6</td><td>7</td><td>8</td><td>9</td><td>10</td></tr>
<tr><td>1</td><td>--</td><td>200</td><td>210</td><td>220</td><td>230</td><td>240</td><td>250</td><td>260</td><td>270</td><td>280</td></tr>
<tr><td>2</td><td>200</td><td>2.71</td><td>2.71</td><td>2.72</td><td>2.79</td><td>2.85</td><td>3.04</td><td>3.18</td><td>3.36</td><td>4.14</td></tr>
<tr><td>3</td><td>201</td><td>2.69</td><td>2.71</td><td>2.72</td><td>2.78</td><td>2.84</td><td>3.05</td><td>3.16</td><td>3.36</td><td>4.1</td></tr>
<tr><td>4</td><td>202</td><td>2.7</td><td>2.7</td><td>2.71</td><td>2.77</td><td>2.83</td><td>3.05</td><td>3.13</td><td>3.38</td><td>4.08</td></tr>
<tr><td>5</td><td>203</td><td>2.71</td><td>2.71</td><td>2.7</td><td>2.77</td><td>2.84</td><td>3.03</td><td>3.13</td><td>3.37</td><td>4.05</td></tr>
<tr><td>6</td><td>204</td><td>2.71</td><td>2.71</td><td>2.7</td><td>2.75</td><td>2.84</td><td>3.01</td><td>3.16</td><td>3.34</td><td>4.05</td></tr>
<tr><td>7</td><td>205</td><td>2.7</td><td>2.71</td><td>2.7</td><td>2.75</td><td>2.83</td><td>3</td><td>3.17</td><td>3.35</td><td>4.04</td></tr>
<tr><td>8</td><td>206</td><td>2.7</td><td>2.71</td><td>2.71</td><td>2.74</td><td>2.83</td><td>3</td><td>3.18</td><td>3.34</td><td>4.02</td></tr>
<tr><td>9</td><td>207</td><td>2.7</td><td>2.7</td><td>2.72</td><td>2.74</td><td>2.84</td><td>3.01</td><td>3.18</td><td>3.36</td><td>4</td></tr>
<tr><td>10</td><td>208</td><td>2.71</td><td>2.7</td><td>2.72</td><td>2.76</td><td>2.84</td><td>3.02</td><td>3.17</td><td>3.36</td><td>4.04</td></tr>
</table>

图 4-11　工作表矩阵窗口

（6）Notes（记事本窗口）　Origin 中记事本窗口可用于记录用户使用过程中的文本信息，它可以用于记录分析过程，与其他用户交换信息。跟 Windows 操作系统中的记事本类似，其结果可以单独保存，也可以保存在项目文件里。用菜单命令 File/New/Notes 或者单击标准工具栏中按钮 ，即可新建一个 "Notes" 记事本窗口。图 4-12 为新命名为 "Notes" 的记事本窗口。

图 4-12　记事本窗口

（7）Results Log（结果记录窗口）　结果记录窗口是由 Origin 记录运行 "Analysis" 菜单里的命令自动生成的，用于保存如线性拟合、多项式拟合、S 曲线拟合的结果，每一项记录里都包含了运行时间、项目的位置、分析的数据集和类型，以便于查对校核。结果记录窗口与其他窗口一样在桌面上是可以移动的，可以根据需要用鼠标移动到 Origin 工作空间的任何位置。可通过选择菜单命令 "View/Results Log" 或单击标准工具栏中按钮 ，将其打开或关闭。

4.3　菜　单　栏

通过选择菜单命令 "Format/Menu" 下的 "Full Menus" 或 "Short Menus"，可实现完整菜单或短菜单的选择。完整菜单显示所有的菜单命令。本书中列出的菜单，如无特别说明，均表示完整菜单。

4.3.1　主菜单

菜单栏的结构与当前活动窗口的操作对象有关，取决于当前的活动窗口。当前窗口由工作表窗口切换至图形窗口时，主菜单及其各子菜单的内容会自动调整。当前活动窗口为工作表窗口时的主菜单栏包括 "File（文件）、Edit（编辑）、View（视图）、Plot（绘图）、Column（列）、Worksheet（工作表）、Analysis（分析）、Statistics（统计）、Image（图像）、Tools（工具）、Format（格式）、Window（窗口）、Help（帮助）"，如图 4-13(a) 所示。当前活动窗口为图形窗口时，相应的主菜单栏包括 "File（文件）、Edit（编辑）、View（视图）、Graph（图形）、Data（数据）、Analysis（分析）、Gadgets（插件）、Tools（工具）、Format（格式）、Window（窗口）、Help（帮助）"，如图 4-13(b) 所示。工作表窗口和图形窗口是 Origin 9.1 中最常用的窗口，因此在这里主要讨论工作表窗口和图形窗口这两种情况下菜单命令的主要功能。

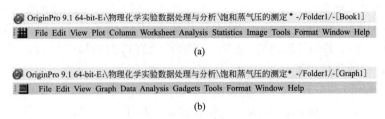

(a)

(b)

图4-13 当前活动窗口分别为工作表窗口（a）和图形窗口（b）时的主菜单栏

（1）File（文件） 在工作表窗口和图形窗口下的菜单栏都有File（文件）菜单。但是当活动窗口不同时，其下拉菜单内容和其后面隐藏的二级子菜单会发生相应的变化。图4-14（a）和（b）分别为工作表窗口和图形窗口被激活时File下拉菜单。当前活动窗口为工作表窗口时，File下拉菜单中有"New（新建）、Open（打开）、Open Excel（打开Excel）、Open Sample Projects（打开模板）、Append（追加）、Close（关闭）、Save Project（保存项目）、Save Project As（另存项目为）、Save Window As（另存窗口为）、Save Template As（另存模板为）、Save Workbook As Analysis Template（保存工作表为分析模板）、Batch Processing（批处理）、Save Project without Data（无数据保存项目）、Duplicate Project without Data（无数据复制项目）、Print（打印）、Print Preview（打印预览）、Page Setup

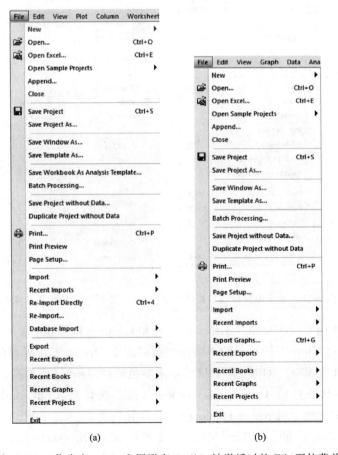

(a)   (b)

图4-14 工作表窗口(a)和图形窗口（b）被激活时的File下拉菜单

（页面设置）、Import（导入）、Recent Imports（最近导入）、Re-Import Directly（直接重新导入）、Re-Import（重新导入）、Database Import（数据库导入）、Export（导出）、Recent Export（最近导出）、Recent Books（最近工作表）、Recent Graphs（最近图形）、Recent Projects（最近项目）、Exit（退出）"选项。当前活动窗口为图形窗口时，File 下拉菜单的选项比工作表窗口的菜单少了一些选项。

（2）Edit（编辑）　在 Book（工作表窗口）和 Graph（图形窗口）下的菜单栏都有 Edit（编辑）菜单。如图 4-15 所示，Book（工作表窗口）的 Edit（编辑）菜单主要有"Cannot undo（撤销）、Cut（剪切）、Copy（复制）、Paste（粘贴）、Paste Transpose（粘贴转置数组）、Paste Link（粘贴链接）、Paste Link Transpose（粘贴链接转置）、Paste Special（粘贴特殊）、Clear（清除）、Insert（插入）、Delete（删除）、Remove Links（删除链接）、Set As Begin（设置为开始）、Set As End（设置为末尾）、Reset to Full Range（重置为全范围）、Find（查找）、Replace（替换）、Go to（指向）、Merge（Embedded）Graphs（合并或插入图）、Button Edit Mode（按钮编辑模式）"。Graph（图形窗口）下 Edit（编辑）菜单选项比 Book（工作表窗口）的 Edit（编辑）菜单选项少了一些。

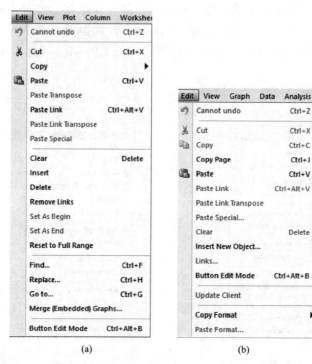

图 4-15　工作表窗口(a) 和图形窗口（b）被激活时 Edit 下拉菜单

（3）View（视图）　在 Book（工作表窗口）和 Graph（图形窗口）的菜单栏都有 View（视图）菜单。通过 View 下拉菜单的不同选项可以改变 Origin 工作界面的外观。如图 4-16 所示，Book（工作表窗口）的 View 下拉菜单主要包括"Menu（菜单栏）、Toolbars（工具栏）、Status Bar（状态栏）、Command Window（命令窗口）、Code Builder（密码设置）、Quick Help（快速帮助）、Project Explorer（项目管理器）、View Windows（视图窗口）、Results Log（结果对话框）、View Mode（视图模式）、Messages Log（信息对话框）、Smart Hint Log（智能提示对话框）、Actively Update Plots（激活更新）、Page Break Preview Lines（分页预览行）"。Graph（图形窗口）的 View（视图）下拉菜单比 Book（工作表窗口）的 View 下拉菜单多了一些选项，如图所示，除了上面的一些选项外，还包括"Print View（打印视图）、Page View（页面视图）、Window View（窗口视图）、Draft View（草稿视图）、Zoom In（缩小）、Zoom Out（放大）、Whole Page（整体页面）、Zoom All（放大全部）、Show（显示）、Show Data Info（显示数据信息）、Full Screen（全屏）"等选项。

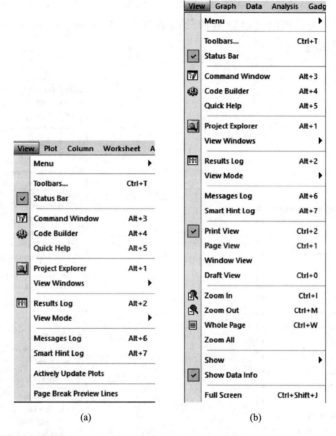

(a)　　　　(b)

图 4-16　工作表窗口（a）和图形窗口（b）的 View（视图）下拉菜单

（4）Plot（绘图）和 Graph（图形）　在 Book 窗口中主菜单栏中有 Plot（绘图）下拉菜单，主要是利用工作表中的数据来绘制各种图形。如图 4-17 所示，主要包括"Line（线）、Symbol（点）、Line＋Symbol（点＋线条图）、Column/Bar/Pie（柱/条/饼形图）、Multi-Curve（多线条）、3D XYY（XYY 式三维图）、3D Surface（三维表面图）、3D Symbol/Bar/Vector（三维符号/条/向量图）、Statistics（统计）、Area（面积图）、Contour（等高线图）、Specialized（专业图）、Stock（股票图）、User Defined（用户定义）、Template Library（模板库）"等选项。

在 Graph 窗口中主菜单栏中有 Graph（图形）下拉菜单，主要是对绘制的图形进行一些操作。如图 4-18 所示，主要包括"Layer Contents（图层内容）、Plot Setup（绘图设置）、Add Plot to Layer（添加绘图到图层）、Add Error Bars（添加误差棒）、Add Function Graph（添加功能图）、Rescale to Show All（重新设置范围显示所有）、Layer Management

（图层管理）、Add Straight Line（添加直线）、Add Axis Scrollbar（添加坐标轴滚动条）、New Layer（Axes）（新图层或坐标轴）、Extract to Graphs（提取至图形）、Apply Palette to Color Map（应用颜料到彩色地图）、Add Graphs to Layout（添加图形到层）、Merge Graph Windows（合并图形窗口）、Speed Mode（加速模式）、Legend（图例）、New Table（新表格）、New Color Scale（新色）、New XY Scaler（新 XY 坐标轴范围）、Set Active Layer by Layer Icon Only（仅按图层设置活动层）、Fit Layer to Graph（按图层设置适合层）、Fit Page to Layers（按图层设置适合页）、Exchange X-Y Axes（交换 X-Y 轴）、Offset Grouped Data in Layer（按图层设置偏移分组数据）、Convert to Standard Font Size（转换为标准字体大小）"等选项。

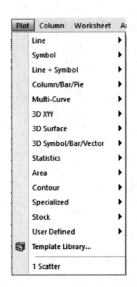

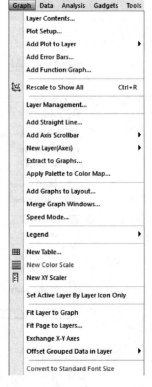

图 4-17　Book（工作表窗口）的 Plot 下拉菜单　　　　图 4-18　Graph（图形窗口）的 Graph 下拉菜单

　　（5）Column（列）　Book 窗口中的"Column（列）"下拉菜单主要是用于对工作表中的列进行操作。如图 4-19 所示，主要包括"Set As（设定为）、Set as Categorical（设定分类）、Set Column Values（设定列值）、Set Multiple Columns Values（设定多列值）、Fill Column With（填充列）、Set Sampling Interval（设置样品间隔）、Show X Column（显示 X 列）、Add New Columns（添加新列）、Filter（过滤）、Mask（屏蔽）、Mask Cells by Condition（依据条件屏蔽单元）、Reverse Order（逆序）、Hide/Unhide Columns（隐藏/显示列）、Move Columns（移动列）、Swap Columns（交换列）、Slide Show of Dependent Graphs（关联图的幻灯放映）、Add or Update Sparklines（添加或者更新波形图）"等选项。

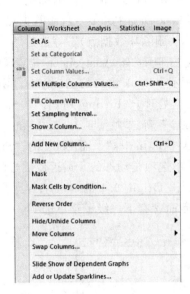

图 4-19 Book（工作表窗口）的 Column 下拉菜单

图 4-20 Book（工作表窗口）的 Worksheet（工作表）下拉菜单

（6）Worksheet（工作表）和 Data（数据） Book 窗口中的"Worksheet（工作表）"下拉菜单主要是用于对工作表进行操作和管理。如图 4-20 所示，主要包括"Sort Range（排序范围）、Sort Columns（排序列）、Sort Worksheet（排序工作表）、Sort Columns by Label（按标签排序列）、Clear Worksheet（清除数据表）、Worksheet Script（数据表脚本）、Worksheet Query（数据表查询）、Copy Columns to（将列复制到）、Reset Column Short Names（重置列短名称）、Split Worksheet（分割数据表）、Split Workbooks（分割工作簿）、Pivot Table（数据透视表）、Stack Columns（堆栈列）、Unstack Columns（取消堆栈列）、Remove Duplicated Rows（删除重复行）、Reduce Columns（简化列）、Reduce Rows（简化行）、Tanspose（转换阵）、Convert to XYZ（转换为 XYZ）、Convert to Matrix（转换为矩阵）"等选项。

Graph 窗口中的"Data"下拉菜单主要是用于对图形中用到的数据表进行操作。如图 4-21

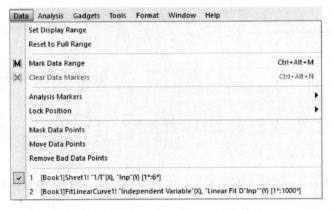

图 4-21 Graph 窗口的 Data 下拉菜单

所示，主要包括"Set Display Range（设置显示范围）、Reset to Full Range（重置为全范围）、Mark Data Range（标记数据范围）、Clear Data Markers（清除数据标记）、Analysis Markers（分析标记）、Lock Position（锁定位置）、Mask Data Points（屏蔽数据点）、Move Data Points（移动数据点）、Remove Bad Data Points（删除坏数据点）"等选项。

（7）Analysis（分析）菜单　Book 和 Graph 窗口都有 Analysis 下拉菜单。通过 Analysis 菜单可对数据进行统计和处理。如图 4-22 所示，Book 窗口的 Analysis 下拉菜单主要有"Mathematics（数学）、Data Manipulation（数据处理）、Fitting（拟合）、Signal Processing（信号处理）、Peaks and Baseline（峰值和基线）"等选项。与 Book 的 Analysis 下拉菜单不同，Graph 窗口的 Analysis 下拉菜单多了一项"Statistics"。而 Book 的"Statistics"单独作为一个主菜单。Origin 9.1 的 Analysis 下拉菜单选项是动态的，最近使用过的命令会出现在菜单底部，方便用户快速进行重复操作。另外，Origin 9.1 的 Analysis 菜单更加简捷，所有命令选项后面跟有三角箭头（▶），表明其后面含有下一级子菜单选项。

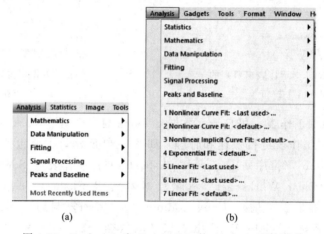

(a) (b)

图 4-22　Book（a）和 Graph（b）的 Analysis 下拉菜单

（8）Statistics（统计）菜单　Book 窗口有 Statistics 下拉菜单。如图 4-23 所示，主要有"Descriptive Statistics（描述统计）、Hypothesis Testing（假设检验）、ANOVA（方差分析）、Nonparametric Tests（非参数测试）、Survival Analysis（生存分析）、Multivariate Analysis（多变量分析）、Power and Sample Size（功率和样本大小）、ROC Curve（ROC 曲线）"等选项。

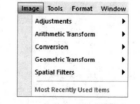

图 4-23　Book 的 Statistics 下拉菜单　　　图 4-24　Book（工作表）窗口的 Image 下拉菜单

（9）Image（图像）菜单　Book 窗口有 Image 下拉菜单。如图 4-24 所示，主要有

"Adjustments（调整）、Arithmetic Transform（算术变换）、Conversion（变换）、Geometric Transform（几何变换）、Spatial Filters（空间滤波器）"等选项。

（10）Tools（工具）菜单 Book 和 Graph 窗口都有 Tools 下拉菜单。通过 Tools 菜单可对工作表窗口和图像窗口进行选项控制、拟合处理和脚本设置等。如图 4-25 所示，Book 和 Graph 窗口的 Tools 下拉菜单选项是相同的，主要包括"Options（选项）、System Variables（系统变量）、3D OpenGL Settings（3D OpenGL 设置）、Protection（保护）、Fitting Function Builder（拟合函数生成器）、Fitting Function Organizer（拟合函数组织器）、Template Library（模板库）、Theme Organizer（主题组织器）、Import Filters Manager（导入过滤器管理器）、Package Manager（包管理器）、Custom Menu Organizer（自定义菜单组织器）、X-Function Builder（X 函数生成器）、X-Function Script Samples（X-Function 脚本示例）、Copy Origin Sub-Ⅵ to LabVIEW vi. lib \ addons（复制到 LabVIEW vi. lib \ addons）、Set Group Folder Location（设置组文件夹位置）、Group Folder Manager（组文件夹管理器）、Transfer User Files（传输用户文件）、Palette Editor（调色板编辑器）、Digitizer（数字转换器）、Video Builder（视频生成器）、MATLAB Console（MATLAB 控制台）、Mathematica Link（数学软件链接）"等选项。

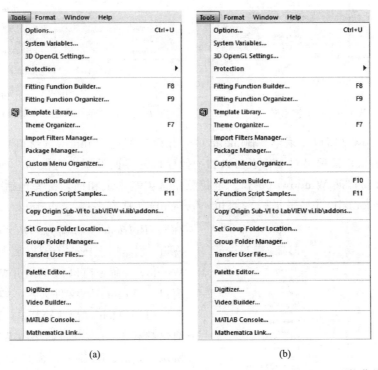

图 4-25 Book（工作表）(a) 和 Graph（图形）(b) 窗口的 Tools 下拉菜单

（11）Format（格式）菜单 Book（工作表）和 Graph（图形）窗口都有 Format（格式）下拉菜单。通过 Book（工作表）窗口的 Format（格式）菜单可对工作表窗口的菜单进行格式控制、数据表显示控制等操作。如图 4-26(a) 所示，Book（工作表）窗口的 Format（格式）下拉菜单主要包括"Menu（菜单）、Worksheet（数据表）、Column（列）、Cell（单元）、Snap to Grid（依附在网格）、Merge cells（合并单元）、Programming Control（程序控制）、Object Properties（目标属性）"等选项。通过 Graph（图形）窗口的 Format（格式）菜单可对 Graph 图形窗口的菜单进行格式控制、页面/图层/绘图属性进行样式控制、坐标轴样式控制操作。如图 4-26（b）所示，Graph（图形）窗口的 Format（格式）下拉菜单主要有 "Menu（菜单）、Page Properties（页面属性）、Layer Properties（图层属性）、Plot Properties（图形属性）、Snap Layers to Grid（图层对齐栅格）、Snap Objects to Grid（对象对齐栅格）、Fit Page To Layers（适合页到层）、Fit Page To Printer（适合页到打印机）、Axes（轴）、Axis Tick Labels（轴刻度标签）、Axis Titles（轴标题）、Programming Control（程序控制）、Object Properties（目标属性）" 等功能选项。

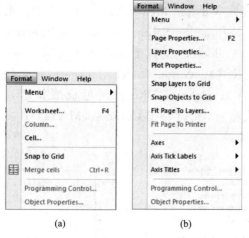

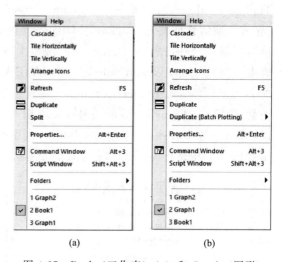

图 4-26　Book（工作表）（a）和 Graph（图形）
（b）窗口的 Format 下拉菜单

图 4-27　Book（工作表）（a）和 Graph（图形）
（b）窗口的 Window（窗口）下拉菜单

（12）Window（窗口）菜单　Book 和 Graph 窗口都有 Window（窗口）下拉菜单。通过 Window（窗口）菜单可对工作表窗口和图像窗口的界面外观进行控制。如图 4-27 所示，Book 和 Graph 窗口的 Window（窗口）下拉菜单选项基本上相同，主要包括 "Cascade（级联）、Tile Horizontally（水平平铺）、Tile Vertically（垂直平铺）、Arrange Icons（排列图标）、Refresh（刷新）、Duplicate（复制）、Split（分割）、Properties（属性）、Command Window（命令窗口）、Script Window（脚本窗口）、Folders（文件夹）" 等功能选项。

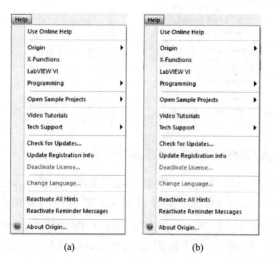

图 4-28　Book（工作表）（a）和 Graph
（图形）（b）窗口的 Help（帮助）下拉菜单

（13）Help（帮助）菜单　Book 和 Graph 窗口都有 Help（帮助）下拉菜单。如图 4-28 所示，Book 和 Graph 窗口的 Help（帮助）下拉菜单选项是完全一致的，主要包括 "Use Online Help（使用联机帮助）、Origin（来源）、X-Functions（X-函数）、LabVIEW Ⅵ（虚拟仪器Ⅵ）、Programming（编程）、Open Sample Projects（开放样本项目）、Video Tutorials（视频教程）、Tech Support（技术支持）、Check for Updates（更新检

查）、Update Registration Info（更新注册信息）、Deactivate License（停用许可证）、Change Language（更改语言）、Reactivate All Hints（重新激活所有提示）、Reactivate Reminder Messages（重新激活提醒消息）、About Origin（关于 Origin）"等功能选项。

（14）Gadgets（插件）菜单 Graph 窗口有 Gadgets（插件）下拉菜单。通过 Gadgets（插件）菜单可对图形中的绘制数据进行分析。当从菜单中选择一个选项时，原点会在图形中添加一个矩形，可为要分析的数据选择感兴趣的区域。如图 4-29 所示，Gadgets（插件）下拉菜单选项主要包括"Quick Fit（快速拟合）、Quick Sigmoidal Fit（快速西格马拟合）、Quick Peaks（快速峰值）、Rise Time（上升时间）、Cluster（聚类）、Statistics（统计）、Differentiate（微分）、Integrate（积分）、Interpolate（插值）、Intersect（交集）、FFT、Vertical Cursor（垂直光标）、2D Integrate（二维积分）"等功能选项。

图 4-29 "Graph"窗口的 Gadgets（插件）下拉菜单

图 4-30 右键快捷菜单

4.3.2 快捷菜单

用户选定某一对象时，用鼠标右键单击时出现的菜单称为快捷菜单，与 Windows 类似，在 Origin 中也有大量的快捷菜单。快捷菜单中出现的选项与用户选定的操作对象是一一对应的。如果用户不太熟悉菜单命令具体在哪个菜单中时，则可通过使用快捷菜单迅速找到所需要的相关命令。如图 4-30 所示，选定工作表窗口中的数据表格中的一组数据，使用鼠标右键单击即可出现快捷菜单，此菜单中的选项可以满足用户对所选对象的一些功能。

4.4 工 具 栏

与 Microsoft Office 软件类似，Origin 有非常丰富的工具栏。为了方便使用和界面美观，Origin 9.1 通常将工具栏放在工作界面的四边。由于工具栏的数量很多，如果全部打开会占

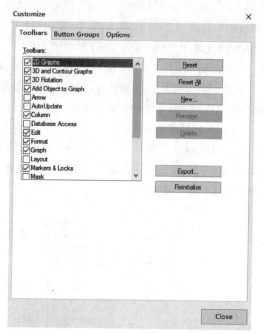

图 4-31 "Customize（定制）"窗口

用太多界面空间，因此通常只打开一些经常使用的菜单命令，其他的则隐藏。如果需要打开其他的工具栏，可通过选择菜单命令"View/Toolbars"，在弹出的小窗口中选择需要定制的工具栏。如图 4-31 所示，在"Customize（定制）"窗口中，在"Toolbars"选项卡中打钩选择了"2D Graphs（二维图形）、3D and Contour Graphs（三维和轮廓图形）、3D Rotation（三维旋转）、Add Object to Graph（向图形添加对象）、Column（列）"等工具栏在工作界面中显示。另外，单击"Button Groups"和"Options"选项卡，可以了解工具栏的按钮以及对工具栏的显示和注释等进行设置。如果需要关闭某个工具栏，依然可以用上述方法来操作。当然更简便的方法是直接单击工具栏上的关闭按钮。

Origin 9.1 提供了 19 种工具栏，下面分述各种工具栏的名称和主要功能，以便在实际使用时选择适当的工具栏。工具栏的使用非常简便，只要激活操作对象，然后鼠标单击工具栏上的快捷按钮即可实现相应的功能。某些按钮旁边有向下的箭头，表示这是一个按钮组，可通过单击箭头进行选择。

（1）Standard（标准） 如图 4-32 所示，Standard 工具栏包括了"New Project（新项目）、New Folder（新文件夹）、New Workbook（新工作簿）、New Excel（新Excel）、New Graph（新图形）、New Matrix（新矩阵）、New Function（新功能）、2D Function Plot（二维功能图）、

图 4-32 Standard（标准）工具栏

New Layerout（新图层）、New Notes（新注释）、Digintize Image（数字化图像）、Open（打开）、Open Template（打开模板）、Open Excel（打开 Excel）、Save Project（保存项目）、Save Template（保存模板）、Import Wizard（导入向导）、Import Single ASCII（导入单个 ASCII 文件）、Import multiple ASCII（导入多个 ASCII 文件）、Batch processing（批处理）、Recalculate（重新计算）、Zoom（缩放）、Print（打印）、Slide show of graphs（幻灯片显示图形）、Send graphs to Powerpoint（将图形发送到 PowerPoint）、Open video builder（打开视频生成器）、Refresh（刷新）、Duplicate（复制）、Duplicate with new sheet/Book（用新工作表复制）"等 30 多种基本工具。在运行 Origin 9.1 时即保持打开状态。

（2）Edit（编辑） 如图 4-33 所示，编辑工具栏提供剪切、复制和粘贴等编辑工具。

（3）Format（格式） 如图 4-34 所示，格式工具栏提供不同字体类型、字体大小、上下标、希腊字母及字体对齐方式等的设置。当编辑标签和工作表等中的文字时，可使用 Format 工具栏中的快捷按钮。

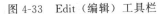

图 4-33　Edit（编辑）工具栏

图 4-34　Format（格式）工具栏

（4）Style（风格）　如图 4-35 所示，Style 工具栏包括"Fill Color（填充颜色）、Palette（调色板）、Line/Border Color（线条/边框颜色）、Lighting Control Dialog（灯光控制对话框）、Line/Border Style（线条/边框样式）、Fill Pattern（填充图案）、Pattern Color（图案颜色）、Bottom Border（下边框）、Merge Cells（合并单元格）"等按钮选项。当对表格或图形的文字标签或注释进行编辑时，可使用 Style 工具栏。

图 4-35　Style（风格）工具栏

图 4-36　Column（列）工具栏

（5）Column（列）　Column 工具栏可对数据表格中选定的列进行属性设置和操作，如图 4-36 所示，主要包括"Set as X（设为 X）、Set as Y（设为 Y）、Set as Z（设为 Z）、Set as Y error（设为 Y 误差）、Set as Labels（设为标签）、Set as Disregard（设为忽略）、Set as Grouping（设为分组）、Set as Subject（设为主题）、Move to first（移至第一）、Move left（向左）、Move right（向右）、Move to last（移至最后）"等选项。

（6）Worksheet Data（表格数据）　当工作表窗口为活动窗口时，可对工作表中的数据进行行或列统计、排序等操作。如图 4-37 所示，Worksheet Data 工具栏主要包括"Statistics on Column（列的统计）、Statistics on Row（行的统计）、Sort（排序）、Set Column Values according to Row Number（按行号设置列值）、Set Column Values with Uniform Random Numbers（按均匀随机数设置列值）、Set Column Values with Normal Random Numbers（按正常随机数设置列值）、Add/Remove Data Filter（添加/删除数据筛选）、Enable/Disable Data Filter（启用/禁用数据筛选）、Reapply Data Filter（重新应用数据筛选）"等按钮选项。

图 4-37　Worksheet Data（表格数据）工具栏

图 4-38　Graph（图形）工具栏

（7）Graph（图形）　Graph 工具栏可对图形或图层进行设置或操作。如图 4-38 所示，主要包括"Enable/Disable Anti-aliasing（启用/禁用消除混叠）、Rescale（重新缩放）、Extract to Layers（提取到图层）、Extract to Graphs（提取到图形）、Merge（合并）、Duplicate with new sheet/Book（新工作表复制）、Add Bottom-X Left-Y Layer（添加底 X 左 Y 图层）、Add Top-X Layer（添加顶 X 图层）、Add Right-Y Layer（添加右 Y 图层）、Add Top-X Right-Y Layer（添加顶 X 右 Y 图层）、Add Insert Graph（添加插入图形）、Add Insert Graph with Data（添加插入带数据的图形）"等功能。

（8）2D Graph（2D 图形）　2D Graph 工具栏提供经常使用的一些二维图形样式，可以方便用户绘制直线图、散点图、点线图，柱状图，饼图等，如图 4-39 所示，主要包括

"Line（线条）、Scatter（散点图）、Line ＋ Symbol（线条＋符号）、Column（柱形）、Double-Y（双 Y 形）、Box-chart（方框图）、Area（区域）、Polar Theta(X)r(Y)（极坐标）、Japanese Candlestick（日本烛台）、Template Library（模板库）"等选项按钮。在 2D Graph 工具栏每个按钮下方都设计了一个三角形，单击这些三角形可以选择按钮的子菜单工具，从而完成复杂二维图形的绘制。"Template Library"工具为 Origin 内置的二维图形模板库，可通过选择库中模板来进行绘图。

图 4-39　2D Graph（2D 图形）工具栏

图 4-40　3D and Contour Graphs
（三维和等高线绘图）工具栏

（9）3D and Contour Graphs（三维和等高线绘图）　如图 4-40 所示，该工具栏主要包括"XYY 3D Bars（XYY 三维条形图）、3D Colormap surface（三维彩色地图表面）、3D Scatter（三维散点图）、Contour（等高线图）"等工具。与 2D Graph 类似，在 3D and Contour Graphs 工具栏每个按钮下方都设计了一个三角形，单击这些三角形可以选择按钮的子菜单工具，从而完成各类三维和等高线图的绘制。

（10）3D Rotation（三维旋转）　使用 3D Rotation 工具栏可对绘制好的三维图形进行三维空间的操作。如图 4-41 所示，该工具栏包括"Rotate counterclockwise（逆时针旋转）、Rotate clockwise（顺时针旋转）、Tilt left（向左倾斜）、Tilt right（向右倾斜）、Tilt down（向下倾斜）、Tilt up（向上倾斜）、Increase perspective（增加透视）、Decrease perspective（降低透视）、Fit frame to layer（将帧匹配到层）、Reset rotation（重置旋转）、Reset（重置）"等工具。

图 4-41　3D Rotation（三维旋转）工具栏

图 4-42　Mask（屏蔽）工具栏

（11）Mask（屏蔽）　当工作表或图形窗口被激活时，可使用 Mask 工具栏屏蔽一些舍弃的数据。如图 4-42 所示，Mask 工具栏包括"Mask range（屏蔽范围）、Unmask range（取消屏蔽范围）、Change mask color（更改屏蔽颜色）、Hide/Show mask points（隐藏/显示屏蔽点）、Swap mask（交换屏蔽）、Disable masking（禁用屏蔽）"等工具。

（12）Tools（工具）　如图 4-43 所示，Tools 工具栏包括"Pointer（指针）、Scale in（放大）、Scale out（缩小）、Screen Reader（屏幕读取）、Data Reader（数据读取）、Data Slector（数据选择）、Slection on Active Plot（活动绘图上的选择）、Mask Points on Active Plot（活动绘图上的屏蔽点）、Draw Data（绘制数据）、T Text Tool（T 文本工具）、Arrow Tool（箭头工具）、Line Tool（线工具）、Rectangle Tool（矩形工具）、Zoom-Panning Tool（缩放平移工具）、Insert Equation（插入公式）、Insert Graphe（插入图形）、Rescale Tool（重新缩放工具）、Rotate Tool（旋转工具）"等工具。Origin 9.1 的 Tools 工具栏将各类的工具分类放在各按钮右下方的三角形（▲）相应的子菜单里。与 Origin 8.0 相比，Origin

9.1 的 Tools 工具栏增加了插入 Word 和 Excel 等对象，并增加了插入图片对象的工具按钮。

图 4-43 Tools（工具）工具栏

图 4-44 Arrow（箭头）工具栏

（13）Arrow（箭头） 如图 4-44 所示，该工具栏可对绘制好的箭头进行操作，包括"Horizontal Alignment（水平对齐）、Vertical Alignment（垂直对齐）、Widen Head（加宽头）、Narrow Head（窄头）、Lengthen Head（加长头）、Shorten Head（缩短头）"等工具。

（14）Object Edit（对象编辑） 使用 Object Edit 工具栏可对当前活动窗口中选定的一个或多个对象进行操作。如图 4-45 所示，主要包括"Left（左）、Right（右）、Top（上）、Bottom（下）、Vertical（横向）、Horizontal（水平）、Uniform Width（等宽）、Uniform Height（等高）、Front（前）、Back（后）、Front Data（前数据）、Back Data（后数据）、Group（组）、Ungroup（解组）"等工具。

（15）Add Object to Graph（图形中对象添加） 如图 4-46 所示，该工具栏主要包括"Add Object（添加对象）、Add Color Scale（添加色阶）、New Legend（新图例）、Add asterisk bracket（添加星号括号）、Add XY Scale（添加 XY 比例）、Date and Time（日期和时间）、New Link Table（新链接表）"等工具。

图 4-45 Object Edit（对象编辑）工具栏

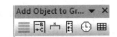

图 4-46 Add Object to Graph（图形中对象添加）工具栏

图 4-47 Layout（版面设计）工具栏

（16）Layout（版面设计） 当版面设计窗口为活动窗口时，可使用版面设计工具栏。如图 4-47 所示，Layout 工具栏主要包括"Add Graph（添加图形）、Add Worksheet（添加数据表）"等工具。

（17）Auto Update（自动更新） 自动更新工具栏仅有一个按钮，在整个项目中为用户提供了自动更新开关（ON/OFF）。默认时，自动更新开关为打开状态（ON），进行更新时，可单击该按钮，使自动更新处于关闭状态（OFF）。自动更新工具栏如图 4-48 所示。

（18）Database Access（数据库存取） 该工具栏是为快速从数据库中输入数据而特地设置的。数据库存取工具栏如图 4-49 所示。与 Origin 8.0 相比，Origin 9.1 的数据库存取工具栏增加了对数据库中输入数据进行预览等工具按钮。

图 4-48 Auto Update（自动更新）工具栏

图 4-49 Database Access（数据库存取）工具栏

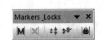

图 4-50 Markers Locks（标记锁定）工具栏

（19）Markers Locks（标记锁定） 该工具栏是为对图形中数据标记进行锁定、去除而特地设置的。标记锁定工具栏如图 4-50 所示。

4.5 Origin 9.1基本操作

4.5.1 窗口操作

Origin 9.1为图形和数据分析提供多种窗口类型，这些窗口包括工作表窗口（Book）、图形窗口（Graph）、Excel窗口、矩阵窗口（Matrix）、版面设计窗口（Layout Rage）和记事本窗口（Notes）。在 Origin 工作界面内可以同时打开多个子窗口，但是只有一个子窗口处于当前激活状态。对子窗口的常用操作包括打开、最小化/最大化/恢复子窗口、排列、刷新、隐藏/删除、复制和保存等。

打开：Origin 子窗口可以单独保存和打开。如果打开一个已保存的子窗口，可通过菜单命令"File/Open"下的选项选择要打开的子窗口类型。如果需要在当前项目文件中新建一个子窗口，可通过菜单命令"File/New"选择要新建的窗口类型。

最小化/最大化/恢复子窗口：单击窗口右上角的最小化 命令按钮，可使窗口最小化；再单击还原 命令按钮或双击标题栏，则可使窗口恢复正常显示状态。单击窗口右上角的最大化 命令按钮，可使窗口最大化。

隐藏/删除：单击窗口右上角的关闭 按钮，弹出的对话框提示是隐藏还是删除子窗口。单击"Delete（删除）"命令按钮，即完成删除子窗口操作，结果可从项目管理器中看到。如果在弹出的对话框中单击"Hide（隐藏）"命令按钮，即隐藏当前选定窗口，如图 4-51 所示。

图 4-51　隐藏/删除对话框

排列：子窗口排列有"Cascade（层叠）、Tile Horizontally（平铺）、Tile Vertically（并列）"三种类型，可分别通过菜单命令"Window/Cascade""Window/Tile Horizontally""Window/Tile Vertically"来实现不同类型子窗口的排列。

刷新：如果改变了工作表或图形窗口的内容，Origin 会自动刷新相关的子窗口，实现数据的实时更新。有时候也可以通过 Standard 工具栏中选择 刷新按钮进行手动刷新。

复制：Origin 中的工作表窗口（Book）、图形窗口（Graph）、Excel 窗口、矩阵窗口（Matrix）、版面设计窗口（Layout Rage）等子窗口都可以复制。使要复制的子窗口处于激活状态，在 Standard 工具栏中选择 快捷按钮即可。也可以通过菜单命令"Window/Duplicate"来复制激活窗口。

保存：除版面设计子窗口外，其他子窗口可以另存为单独文件，方便其在其他项目中打开。通过菜单命令"File/Save Window As"保存当前激活状态的子窗口。在弹出的对话框中选择保存位置，输入文件名，则完成当前子窗口的保存。

子窗口模板：Origin 提供了大量的绘图模板。当工作表或 Excel 工作表窗口激活时，可以通过在菜单命令"Plot/Template"打开的对话框中选择所需要的模板来进行绘图。在模板选择对话框中，如图 4-52 所示，可以预览相应的模板文件名及要绘制的图形。

4.5.2 项目文件操作

Origin 项目文件（Project Explorer）如同一个大容器，包含了用户所需要的工作表、

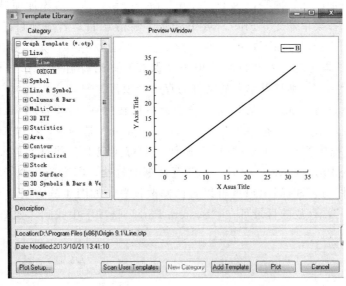

图 4-52 模板选择对话框

图形、版面、矩阵、备注、分析结果等一切内容。为了方便管理，Origin 把相关的操作集中放在 Project Explorer 中来管理。对项目文件的常用操作可通过选择菜单"File"下的子菜单来实现，主要包括以下内容：

新建：选择菜单命令"File/New/Project"，可以新建一个项目文件。如果是新建一个子项目，则可选择"File/New/Project"；如果当前已有一个打开的项目，Origin 9.1 将会提示在打开新项目以前是否保存对当前项目所作的修改。在默认情况下，新建项目同时会打开一个工作表。也可以通过 Standard 工具栏 □ 新建按钮来实现项目文件的新建操作。

打开已存在项目：要打开已有的项目文件，可选择菜单命令"File/Open/Project"，然后在文件名列表中选择要打开项目的文件名，单击"Open"命令按钮，如图 4-53 所示。

图 4-53 打开项目文件对话框

添加项目：Origin 9.1 允许将一个项目中的内容添加到另一个项目文件中。可选择菜单命令"File/Append"将一个项目的内容添加到当前打开的项目中。也可以在项目管理器的文件夹图标上单击鼠标右键，弹出快捷菜单，选择"Append Project…"，在弹出的"打开"

对话框中选择要添加的项目内容，单击"打开"命令按钮，即完成添加项目。

保存项目：选择菜单命令"File/Save Project"保存项目。若该项目已存在，Origin 在无任何提示的情况下仍保存该项目的内容。若该项目是首次保存，则会弹出"Save As"对话框，在文件名文本框内键入文件名，单击"保存"即可保存项目。如果选择菜单命令"File/Save Project As"，则是以单独的文件另存一个项目。

自动创建项目备份：Origin 的自动备份功能可以在保存修改后项目文件的同时，把修改前的项目文件自动备份。选择菜单命令"Tools/Option"选项卡，在"Backup Project before saving"复选框中打钩，单击"OK"按钮，即可实现保存项目文件前自动备份功能。如果在"Autosave Project every 12 minute"复选框中打钩，则 Origin 9.1 每隔 12min 自动保存当前项目文件，这个时间用户也可以自己修改设置，如图 4-54 所示。备份项目文件名为"BACKUP. opj"，存放的目录可在"System Path"选项卡中找到，如图 4-55 所示。

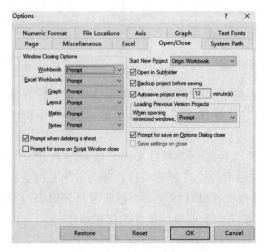

图 4-54　Options 窗口

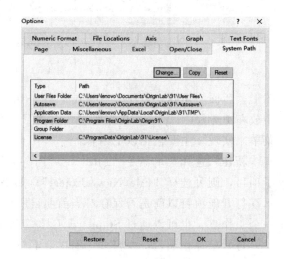

图 4-55　Options 窗口中的"System Path"选项卡窗口

关闭项目和退出 Origin 9.1：选择菜单命令"File/Close"在不退出 Origin 的前提下关闭项目，如果修改了当前要关闭的项目，Origin 将会提醒是否保存修改。选择菜单命令"File/Exit"或者单击窗口右上角的"×"图标，可以退出 Origin 9.1。

思　考　题

1. 当前窗口为工作表窗口时，主菜单栏包括哪些子菜单？当前窗口为图形窗口时，主菜单栏包括哪些子菜单？

2. 工作表窗口和图形窗口下的 Analysis（分析）子菜单有什么不同？

3. 如何对 Origin 工作界面的当前活动窗口进行切换？

第 **5** 章 ▶▶▶

Origin中实验数据的录入及管理

5.1 工 作 表

一个 Origin 工作表窗口可以包含 1~255 个数据表，一个数据表可以进行重新排列，重新命名，添加、删除和移植到其他工作表窗口中。在默认状态下，创建一个新的 Origin 项目时会同时打开一个带有"Worksheet 1"数据表的"Book1"工作表窗口。工作表是用来管理数据的，基本操作包括新建、保存、删除、命名、复制等。

（1）新建工作表　通常有两种方法：一种是通过菜单命令"File/New/Worksheet"，出现"New Worksheet"对话框，在"Column Designation"的下拉选项中选择需要的列属性，然后单击"OK"按钮，即可新建一个工作表，如图 5-1 所示；另一种方法就是单击工具栏上的 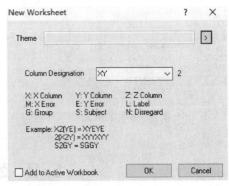 "New Worksheet"按钮，即可完成工作表的新建。

图 5-1 "New Worksheet"对话框

（2）保存工作表　通常有两种方法：一种是通过菜单命令"File/Save Project As"，在弹出的"Save As"对话框中选择要保存的文件目录，然后单击"Save"按钮，如图 5-2 所示；另一种方法就是单击工具栏上的 ■ 保存按钮。

（3）删除工作表　单击工作表窗口右上角的 × 按钮，出现"Attention"对话框，单击"Delete"，即可删除当前工作表；若单击"Hide"，即可隐藏当前工作表，如图 5-3 所示。

（4）工作表命名　单击工作表表头按鼠标右键，选择"Properties（属性）"，弹出"Window Properties"对话框，在"Long name"处录入工作表的名称，然后点击"OK"按钮即可，如图 5-4 所示。

（5）工作表复制　激活要复制的工作表，按住"Ctrl"键，选中工作表的标签位置 \Sheet1 ，拖到窗口的空白处放开，即可复制并新建一个工作表。

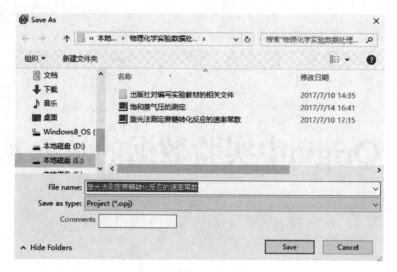

图 5-2 保存工作表

图 5-3 删除/隐藏工作表

图 5-4 工作表命名

5.2 数据表基本操作

数据表其实就是一个二维电子数据表格，其行和列具有特殊的物理意义，主要操作包括数据表的添加、移动、复制、删除、命名以及数据表表头的操作和设置等。

（1）在工作表中添加数据表 单击当前数据表（Sheet1）的标签位置，点击鼠标右键，选择"Insert"或"Add"可以在 Sheet1 的前面或后面添加一个新的数据表，如图 5-5 所示。如果将一个工作表中的数据表移动到另外一个工作表中，则用鼠标按住该工作表标签位置，并拖到目标工作表中。

（2）复制数据表 单击当前数据表（Sheet1）的标签位置，点击鼠标右键，选择"Duplicate"或"Duplicate Without Data"可以在 Sheet1 的后面复制新建一个完整的数据表或没有数据的新数据表，其操作与添加类似。

（3）删除/重命名数据表 单击当前数据表（Sheet1）的

图 5-5 添加数据表

标签位置，点击鼠标右键，选择"Delete"或"Rename"选项，其操作与添加类似。

（4）表/列/行的选择　单击数据表表头、列头或行号可对整个数据表、整行或整列进行选择。

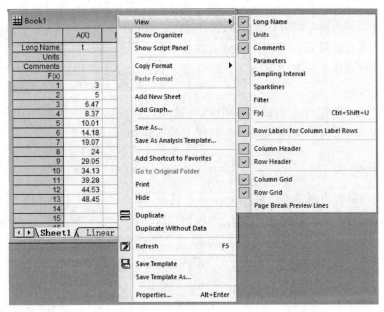

图 5-6　设置数据表表头

（5）数据表表头操作　Origin 9.1 数据表默认的表头包括 Long Name（长名）、Units（单位）、Comments（注释），扩展的表头还包括 Parameters（参数）、Smapling Interval（采样间隔）、Sparklines（简略图）和 User-Defined Parameters（用户自定义参数）。用鼠标右键点击数据表上方空白处，打开快捷菜单，选择"View"菜单，可以通过打钩选择显示或关闭数据表的各种表头，如图 5-6 所示。这些表头的内容可直接输入，如图 5-7 所示。

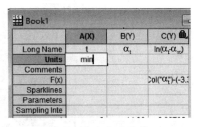

图 5-7　表头内容的输入

5.3　列　操　作

5.3.1　列编辑

列编辑主要包括对列的添加、插入、删除、移动等。

（1）添加列　新建一个 Worksheet，系统默认有两个列，分别为"A(X)，B(Y)"。如果需要在该数据表中增加一个或多个列，可选择菜单命令"Column/Add New Columns"，或者单击 Standard 工具栏上的 按钮。添加的列会按照英文字母（A，B，C…X，Y，Z，AA，BB，CC…）顺序命名，并自动排列到已有列的后面。默认情况下所有新列均被定义为 Y。

（2）插入列　如果需要在某列的前面插入一列，则要选中某列，选择菜单命令"Edit/Insert"，或者单击鼠标右键选择 Insert 来插入新的列。重复插入列操作，则会插入多个列。

（3）删除列 选中某列，通过菜单命令"Edit/Delete"，或者单击鼠标右键选择快捷菜单"Delete"命令。删除后，列的数据不能恢复，与这些数据有关的图形和分析结果也会发生变化，所以删除数据要谨慎。

（4）移动列 移动即调整列的位置，选中某列，可选择按鼠标右键快捷菜单、打开列操作工具栏或使用菜单命令三种方法来进行操作。

（5）改变列宽 如果列的宽度比要显示的数据窄，则数据显示不全，可以将鼠标移动到列的边界位置，通过拖曳边界线来加大列的宽度，列宽大小也可以通过单击鼠标右键使用列属性对话框进行设置。

（6）行列转换 即把行转换成列或把列转换成行，可以使用"Worksheet/Transpose"菜单命令进行操作，也可以使用列操作工具栏上的按钮命令。

5.3.2 列定义

选中某列，按鼠标右键选择"Properties"，打开"Column Properties"对话框。对话框分为三部分内容，第一部分是列表头的设置包括"Short Name（短名称）、Long Name（长名称）、Units（单位）、Comments（注释）"，第二部分是"Width"的设置，第三部分则是列定义和格式设置，包括"Plot Designation（绘图定义）、Format（格式）、Display（显示）、Digits（数字）、Apply to all columns to the right（适用于右侧所有列）"等。列定义为每个列给出一个明确的指示，以便于Origin进行作图和数据分析，可以通过"Column Properties"对话框中的"Plot Designation"下拉菜单，将选中的列定义为"X、Y、Z、Label、Disregard、X Error、Y Error"等中的任何一种，设置结果会体现在数据表格中，如图5-8所示。另一种列定义的方法是选中某列，单击鼠标右键，选择快捷菜单"Set As"来进行列定义，如图5-9所示，其中"X""Y"是最基本的类型。一般情况下，一个数据表至少要有一个"X"列和一个"Y"列。设置列定义后的表格如图5-10所示。

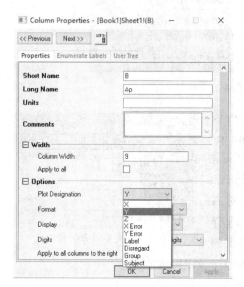

图 5-8 "Column Properties" 对话框

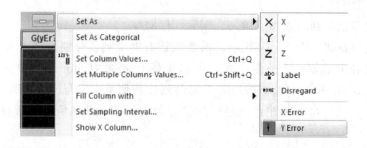

图 5-9 右键快捷菜单进行列定义

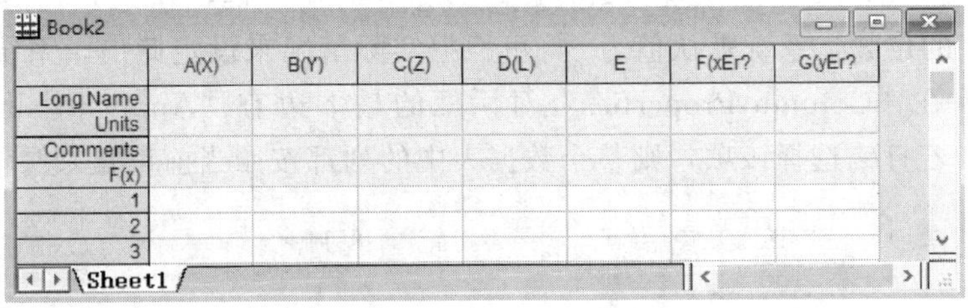

图 5-10 设置列定义后的数据表

5.3.3 列格式

列格式包括"Format、Display、Digits"三部分。Format 用于指定列中数据的类型，共有"Numeric（数值型）、Text（字符型）、Time（时间型）、Date（日期型）、Month（月份型）、Day of Week（星期型）、Text&Numeric（字符和数值型）"7 种下拉选项，如图 5-11 所示，系统默认数据类型为"Text&Numeric（字符和数值型）"，便于数学运算时自动识别。如果将列数据设置为其中一种类型时，则输入其他类型的数据有可能显示不正确。

Display 可对显示格式进行设置，图 5-12 是 Format 为 Numeric 时的显示格式，主要有"Decimal：1000（十进制）、Scientific：1E3（科学计数法）、Engineering：1K（工程单位）、Decimal：1，000（十进制，以逗号每 3 位数隔开）"下拉选项。

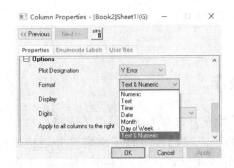

图 5-11 列格式 Format 设置

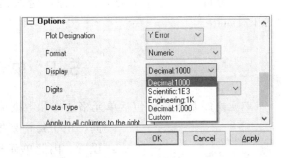

图 5-12 Format 为 Numeric 时的显示格式

Digits 设置包括"Default Decimal Digits（默认十进制数字）、Set Decimal Places＝（设置数据的小数位数）、Significant Digits＝（设置输入数据的有效数字位数）"3 个下拉选项，如图 5-13 所示。只有当 Format 选项为 Numeric 或 Text&Numeric 时 Digits 才会出现。在下拉列表中选择 Set Decimal Places＝选项后，Digits 下边出现 Decimal number 的输入框，如图 5-14 所示，在其输入所需的小数位数，系统默认该值为 3；如果输入的实验数据小数位数小于 3，则系统自动补足；如果小数位数大于 3 时，则系统依据四舍五入的原则进行取舍。在下拉列表中选择"Significant

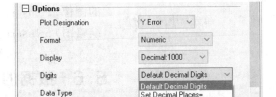

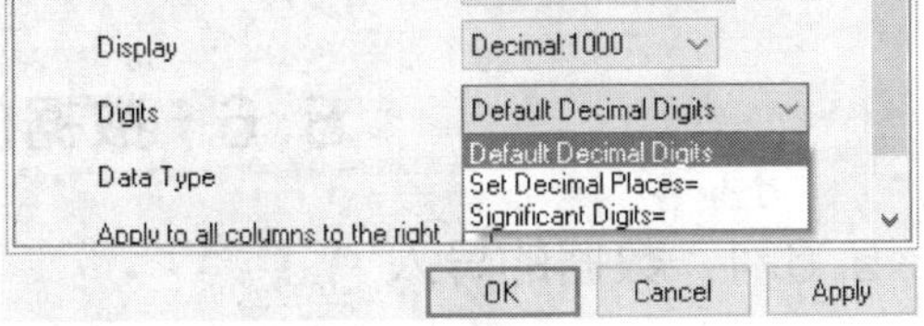

图 5-13 Digits 的三个选项

Digits＝"选项后，Digits 下边出现 Significant Digits 的输入框，如图 5-15 所示，在其输入所需的有效数字的位数，系统默认值为 6，可根据实际情况来设定此值，系统会根据输入的值来显示数据。在"Column Properties"对话框的最下边有"Apply to all column to the right"复选框，若打钩选择该项，则整个数据表中的列都按照当前设置来操作。

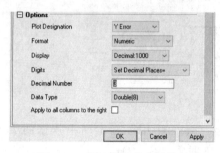

图 5-14　设置数据的小数位数

图 5-15　设置输入数据的有效数字位数

5.4　行　操　作

（1）改变行高　通过移动行的边界线进行调整。

（2）插入行　一个数据表默认有 32 行。插入新行，有两种方法：一种是用鼠标单击选中某行，按鼠标右键快捷菜单选择 Insert 选项；一种是采用菜单命令"Edit/Insert"。插入的新行会排在选定行的上边。若要插入多行，则执行上述操作多次。

（3）删除行　选中某行，按鼠标右键快捷菜单选择 Delete 选项，或者采用菜单命令"Edit/Delete"。

5.5　单元格操作

单元格的基本操作包括单元格选择和数据输入，其操作方法与 Excel 等电子表格软件相

图 5-16　单元格中插入对象

同。由于每个列根据其物理意义已经进行了列定义和列格式设置，因此单元格不需要单独设置格式，以免出错。选中单元格，按鼠标右键快捷菜单，可在单元格中插入对象，如图 5-16 所示，包括"Insert Arrow（插入箭头）、Insert Graph（插入 Origin 图形）、Insert Images from Files（插入来自文件的图像）、Insert Notes（插入备注）、Insert Sparklines（插入缩略图）、Insert Varibles（插入变量）"等功能。

5.6　数据的导入与导出

5.6.1　数据的导入

在 Origin 9.1 数据表中可直接在单元格中录入实验数据，并能进行数据的添加、插入、删除、复制、移动等操作。但是，作为一个数据处理和科技绘图软件，直接录入数据并不是一种有效的数据输入方式。在 Origin 9.1 中进行处理的大部分实验数据来自其他仪器或软件

的数据输出。Origin 9.1 提供了丰富的数据接口资源，可从 ASCII 码格式、Excel 数据文件、Sound、MATLAB、NI 数据文件等数十种第三方软件的数据文件中导入数据。选择菜单命令"File/Import"，打开如图 5-17 所示的数据文件导入窗口，通过选择相关的数据格式文件进行数据导入。下面结合实例介绍常见的两种数据文件的导入。

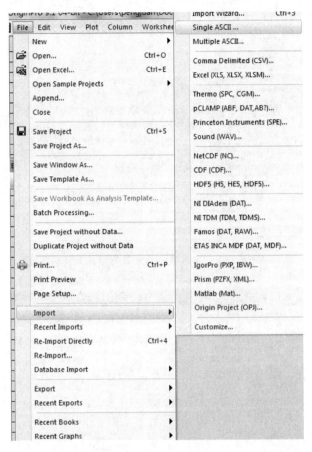

图 5-17 数据文件导入窗口

（1）导入 ASCII 码格式 ASCII 码格式是 Windows 平台中最简单的文件格式，扩展名为 *.txt 或 *.dat，通常大部分软件都支持 ASCII 码格式数据的输出。ASCII 码格式文件是由普通的数字、符号和英文字母构成，不包含特殊符号，可以用记事本软件打开。这类文件以每一行作为一个数据记录，每行之间用逗号、空格或 Tab 制表符作为分隔，分成多列。Origin 9.1 导入 ASCII 码格式数据有两种情况：一种是一次导入单个 ASCII 码格式文件，采用菜单命令"File/Import/Single ASCII"；另外一种是一次导入多个 ASCII 码格式文件，采用菜单命令"File/Import/Multiple ASCII"，如图 5-18 所示。

（2）导入 Excel 格式 Origin 软件能够与 Excel 很好地集成工作，如果使用 Origin 提供的各种数据分析功能，则需要将 Excel 数据导入到 Origin 的数据表中，如图 5-19 所示。

（3）数据向导（Wizard）导入数据 更复杂的数据导入需要使用数据向导，其步骤为：新建一个项目文件，通过菜单命令"File/Import/Import Wizard"，打开"Import Wizard-Source"对话框，在"Data Type"复选框中，选择数据类型为 ASCII，通过在"Data Source"的选择按钮选择需要导入的数据文件，如图 5-20 所示，然后点击"Next"和

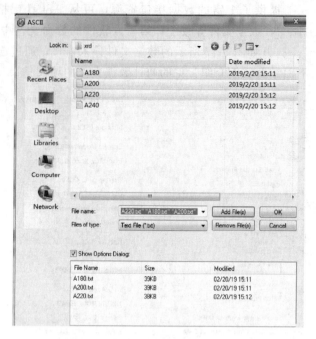

图 5-18　导入多个 ASCII 码格式文件

图 5-19　导入 Excel 格式数据文件

"Finish" 按钮，即完成数据的导入。

5.6.2　数据的导出

工作表数据的导出主要有两种方式：通过剪贴板导出和导出为数据文件。

通过剪贴板导出的步骤为：选择所要导出的数据，通过菜单命令 "Edit/Copy" 将选中

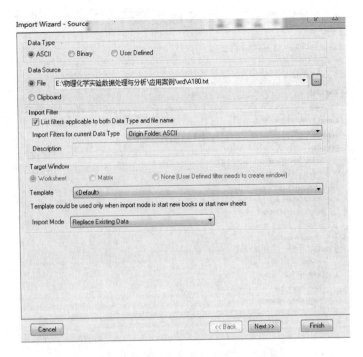

图 5-20 "Import Wizard-Source" 对话框

的数据复制到剪贴板，然后粘贴到目标工作表或其他应用软件中。

导出为数据文件的步骤为：①激活工作表窗口，选定需要导出的数据范围。②通过菜单命令"File/Export"，打开下拉菜单，选择导出文件类型，如选择文件类型为 ASCII，弹出 ASCIIEXP 对话框，如图 5-21 所示。ASCII 导出文件默认扩展名为 ∗.dat。另外，也支持 ∗.txt 和 ∗.csv 的文件格式。③单击"Save"命令按钮，即打开如图 5-22 所示的 ASCII 导出文件格式对话框，可设置导出文件格式参数，点击"OK"按钮确定保存。

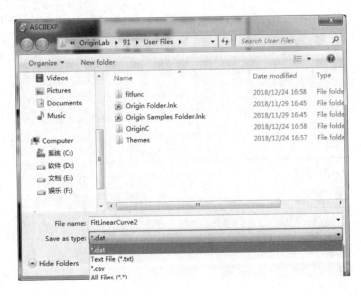

图 5-21 ASCIIEXP 对话框

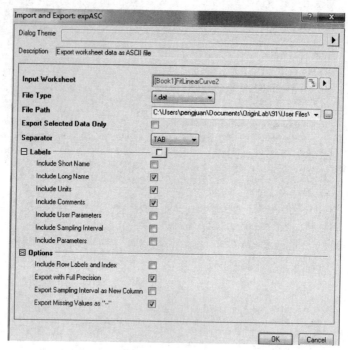

图 5-22　ASCII 导出文件格式对话框

思　考　题

1. 如何在数据表中添加 3 列，并将这 3 列分别定义为 "X、Y、Y error"？
2. 如何将 Excel 格式数据导入工作表中？
3. 列格式设置包含哪些内容？

第❻章 ▶▶▶

二维图形的绘制

6.1 基本概念

Origin 9.1 中的 Graph 图形是建立在一定坐标体系基础上的曲线图，以原始数据点为数据源一一对应。因此，在作图之前必须要有数据，数据与图形是对应的，数据改变了图形也会相应地发生变化，作图就是数据的可视化过程。数据点对应着坐标体系，即坐标轴，坐标轴决定了数据特定的物理意义。图形的形式有很多种，但最基本的元素仍然是点、线、条。图形可以是一条或多条曲线，这些曲线对应着一个或多个坐标轴（体系）。

（1）Graph（图形）　单层图包括一组"XY 坐标轴"（3D 图是"XYZ 坐标轴"）、一个或更多的数据图以及相应的文字和图形元素，一个图可包含多层。

（2）Page（页面）　每个 Graph 窗口包含一个编辑页面，页面是作图的背景，包括一些必要的图形元素，如图层、数轴和数据图等。Graph 窗口的每个页面最少包含一个图层，如果该页所有的图层都被删除，则该 Graph 窗口的页面将被删除。

（3）Layer（图层或层）　一个典型的图层一般包括坐标轴、数据图和相应的文字或图标。Origin 将这三个元素组成一个可移动、可改变大小的单位，叫作图层，一页最多可放置 50 个图层，层与层之间可以建立链接关系，便于管理。用户可以移动坐标轴、层或改变层的大小。

（4）The Active Layer（活动层）　当一个图形页面包含多个层时，对页面窗口的操作只能对应于活动层。如果要激活另外一个层，有以下几种方法：单击该层的坐标轴；单击图形窗口右上角的图层标记，凹陷的层即为当前激活的图层；单击与相应层有关的对象，如坐标轴、文本标注等。

（5）Frame（框架）　对于 2D 图形，框架是四个边组成的矩形方框，每个边框就是坐标轴的位置。框架独立于坐标轴，即使坐标轴是隐藏的，但其边框还是存在的，可以选择菜单"View/Show/Frame"来显示/隐藏框架。

（6）Data Plot（数据图）　数据图是一个或多个数据集在绘图窗口的形象显示。

（7）Worksheet Dataset（工作表格数据集）　工作表格数据集包含一维（数字或文字）数组的对象，因此，每个工作表格的列组成一个数据集，每个数据集有一个唯一的名字。

（8）Matrix（矩阵）　矩阵表现为包含"Z 值"的单一数据集，它采用特殊维数的行和列表现数据。

6.2　绘图类型

在 Workbook 中录入实验数据，在确定好列属性"X、Y、Z"后，选定需要操作的列，点击菜单命令 Plot，进一步选择绘图类型。Origin9.1 绘图类型有 13 类，分别是"Line（线）、Symbol（点）、Line＋Symbol（点＋线条图）、Column/Bar/Pie（柱/条/饼形图）、Multi-Curve（多线条）、3D XYY（XYY 式三维图）、3D Surface（三维表面图）、3D Symbol/Bar/Vector（三维符号/条/向量图）、Statistics（统计图）、Area（面积图）、Contour（等高线图）、Specialized（专业图）、Stock（股票图）"。这些绘图类型都含有子菜单，可以进一步选择细分的类型图。表 6-1 是 Origin 9.1 的常见绘图模板类型。

表 6-1　Origin 9.1 的常见绘图模板类型

Line(线)	Line
	Horizontal Step
	Vertical Step
	Spline Connected
Symbol(点)	Scatter
	Scatter Central
	Y Error
	XY Error
	Vertical Drop Line
	Bubble
	Color Mapped
	Bubble + Color Mapped
Line＋Symbol(点＋线条图)	Line + Symbol
	Line Series
	2 Point Segment
	3 Point Segment
Column/Bar/Pie(柱/条/饼形图)	Column
	Column + Label
	Grouped Columns - Indexed Data...
	Bar
	Stacked Column
	Stacked Bar
	100% Stacked Column
	100% Stacked Bar
	Floating Column
	Floating Bar
	3D Color Pie Chart
	2D B&W Pie Chart

Multi-Curve（多线条）		Double-Y
		3Ys Y-YY
		3Ys Y-Y-Y
		4Ys Y-YYY
		4Ys YY-YY
		Multiple Y Axes...
		Stacked Lines by Y Offsets
		Waterfall
		Waterfall Y:Color Mapping
		Waterfall Z:Color Mapping
		Vertical 2 Panel
		Horizontal 2 Panel
		4 Panel
		9 Panel
		Stack...
		Multiple Panels by Label...
3D XYY（XYY 式三维图）		XYY 3D Bars
		3D Ribbons
		3D Walls
		3D Waterfall
		3D Waterfall Y:Color Mapping
		3D Waterfall Z:Color Mapping
3D Surface（三维表面图）		Color Fill Surface
		X Constant with Base
		Y Constant with Base
		Color Map Surface
		Colormap Surface with Projection
		Wire Frame
		Wire Surface
		3D Ternary Colormap Surface
3D Symbol/Bar/Vector（三维符号/条/向量图）		3D Bars
		3D Scatter
		3D Trajectory
		3D Scatter + Error Bar
		3D Vector XYZ XYZ
		3D Vector XYZ dXdYdZ

Statistics(统计图)		Box Chart
		Grouped Box Charts - Indexed Data...
		Grouped Box Charts - Raw Data...
		Histogram
		Histogram + Probabilities
		Stacked Histograms
		Marginal Histograms
		Marginal Box Charts
		QC (X bar R) Chart
		Pareto Chart-Binned Data
		Pareto Chart-Raw Data
		Scatter Matrix...
		Probability Plot...
		Q-Q Plot...
Area(面积图)		Area
		Stacked Area
		Fill Area
Contour(等高线图)		Color Fill
		B/W Lines + Labels
		Gray Scale Map
		Polar Contour theta(X)r(Y)
		Polar Contour r(X) theta(Y)
		Ternary Contour
		Contour Profiles
Specialized(专业图)		Polar theta(X) r(Y)
		Polar r(X) theta(Y)
		Wind Rose - Binned Data
		Wind Rose - Raw Data
		Ternary
		Piper
		Smith Chart
		Radar
		Vector XYAM
		Vector XYXY
		Zoom
Stock(股票图)		High-Low-Close
		Japanese Candlestick
		OHLC Bar Chart
		OHLC-Volume

6.3　基本操作

6.3.1　图形设置

科技作图首先要作得很"标准"。因为只有"标准"，不同文献之间、不同实验之间才具有相互比较的意义。Origin 能作出标准的科技图形，这就是 Origin 软件最重要的价值，因此图形设置是 Origin 作图中最基本也是最重要的内容。

（1）Graph 曲线图的显示设置　在 Graph 图形方框内的空白处点击鼠标右键选择"Plot Detail"或双击曲线，在弹出的"Plot Details"对话框中，可对图形进行相关设定。"Line"栏可对曲线图的线条粗细、颜色、形状等进行设置；"Symbol"栏可对符号大小、颜色、形状进行设置；"Drop Lines"栏可对符号间隔的点数进行设置，如图 6-1 所示。

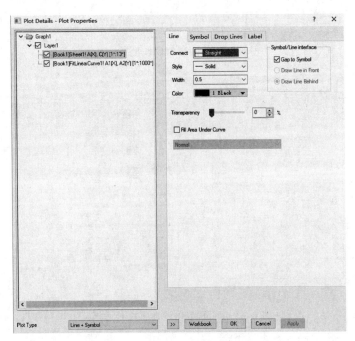

图 6-1　Graph 曲线图的显示设置

（2）图层的显示设置　在 Graph 页面点击层的标号，然后点击右键选择"Layer Properties"，就可以对图层进行属性设置，如图 6-2 所示，可对图层的背景、大小、显示等进行设置。

（3）Graph 的整体属性设置　在 Graph 页面曲线图方框外的空白处点击右键选择"Properties"，可以对 Graph 整体进行设置，如图 6-3 所示，将"Display"中的第一个"Color"设置为"Cyan"，将"Mode"设置为"Two Colors"，第二个"Color"设置为"Black"，"Direction"设置为"Top Bottom"，就可以将 Graph 设置为自上而下渐变的背景色，如图 6-4 所示。

6.3.2　Axis（坐标轴）设置

双击某个层的坐标轴或坐标刻度值，在弹出的"Axis"对话框中可对坐标轴进行必要的

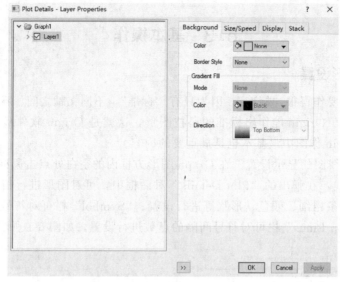

图 6-2　图层的属性设置

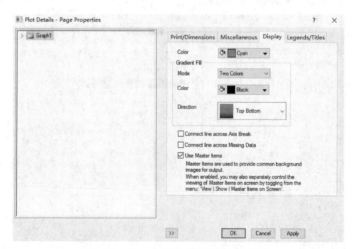

图 6-3　Graph 整体设置属性对话框

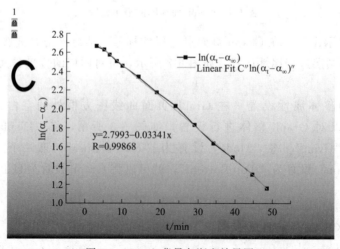

图 6-4　Graph 背景色渐变效果图

设置，如图 6-5 所示。各个子选项的设置说明如下：① "Scale" 是用来设置坐标值的起始范围（From 和 To）、坐标类型（Type）和坐标刻度的间隔值（by Increment）；② "Tick Labels" 可以显示或隐藏坐标值；③ "Title" 可对坐标轴的刻度进行显示或隐藏；④ "Grids" 可以对图形进行栅格划分；⑤ "Line and Ticks" 可对坐标轴的粗细、颜色、位置以及坐标刻度标号的长短等进行设置；⑥ "Special Ticks" 可对某些特定的坐标轴刻度标号进行显示或隐藏；⑦ "Breaks" 可对坐标值进行 "隔断"，设置 "Breaks" 的起始范围后，该起始范围的图形就会 "消失"，如果坐标轴某个范围并无实际图形，为了美观和图形的紧凑，可以用 "Breaks" 功能；⑧ "Apply to Others" 可设置是否将该坐标轴设置应用于其他坐标轴。

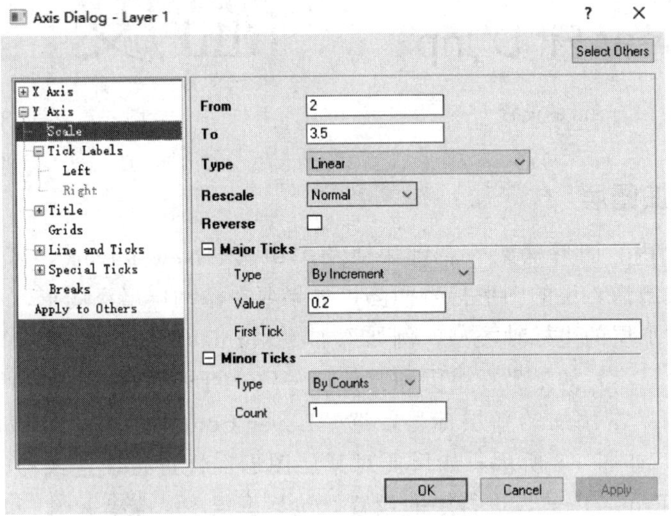

图 6-5　坐标轴的设置

6.3.3　Legend（图例）设置

Legend 一般是对 Origin 图形符号的说明，一般说明的内容默认就是工作表中列的名字（Long Name），可以将列名字改名从而改变 Legend 的符号说明。也可以右键点击 "Legend"，在右键快捷菜单中选 "Properties"，在弹出的 "Object Properties" 对话框中可对 "Legend" 的文字说明进行一些特殊设置，比如背景、旋转角度、字体类型、字体大小、粗斜体、上下标、添加希腊符号等，如图 6-6 所示。如果 Graph 图形或图层中无 Legend 的显示，可以激活相应的图层，选择菜单命令 "Graph/Legend/Data Plots"，就可以显示 Legend，然后进行设置。

6.3.4　添加文本

文本可以是图形的说明，主要包括坐标轴标题和图形标题；也可以是图形中其他的说明文字。点击 Graph 页面左侧的快捷按钮 **T**，或者在 Graph 页面内需要添加文本的地方点击右键选择 "Add Text"，输入文本内容，文本内容可以复制、粘贴、移动。点击左键选定文本，点击右键快捷菜单选择 "Properties"，在弹出的 "Object Properties" 对话框中对添加的文本可进行设置，包括背景、旋转角度、字体、大小、上标、下标等，如图 6-7 所示。

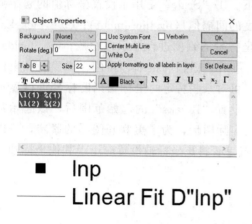

图 6-6 Legend 的设置

图 6-7 添加文本

6.3.5 添加图层

在 Graph 页面内、图形框架外右键快捷菜单中选 "New Layer"，可以添加新的图层，添加图层后该层被激活，层的图形标号凹陷，如果要在添加层增添图形，可以右键单击该层标号，注意选择添加层的坐标轴类型，例如添加 "Normal（Top X＋Right Y）" 层后，顶端和右端坐标轴就会显示，如果坐标范围和其他层一致，可以将该层或其他层的坐标和刻度进行隐藏，然后右键单击添加的新层标号，选 "Layer Contents…"，给该层添加数据图形，点击 "OK" 按钮，如图 6-8 所示。如果要对某层图形属性进行设置或修改，可以右键单击该层，选 "Layer Properties"，进行层的设置，包括图层的背景、尺寸、显示等，还可以对该层进行展开，单击 "Workbook"，对所绘图形线条或图形类型 "Plot Type" 进行设置。右键单击该层标号还可以对该图层进行快捷隐藏或删除等操作。

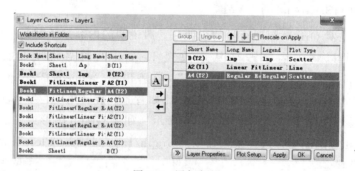

图 6-8 添加新层

6.3.6 添加箭头

有时为了区分图形曲线所对应的坐标轴，要对曲线进行箭头指向，箭头一般有直线箭头和曲线箭头。短时间左键单击页面左侧 ↗ 按钮，则为直线箭头标注；长时间左键单击页面左侧 ↗ 按钮，则同时出现直线箭头和曲线箭头标注。右键双击曲线箭头可对箭头的属性进行设置，还可以单击曲线箭头，鼠标变成十字四箭头时，可以对曲线箭头进行大小调整或移动。

6.4　数据浏览

Origin 的 Tools 工具栏提供了"Scale in（放大工具）、Scale out（缩小工具）、Screen Reader（页面读取）、Data Reader（数据读取）、Data Selector（数据选取）、Regional Data Selector（区域数据选取）、Mask Range（隐藏范围）、Regional Mask Tool（区域隐藏工具）、Draw Data（表示数据）"等。Scale in（放大工具）可以对 Graph 中选中的图形进行局部放大，Scale out（缩小工具）可以对 Graph 中选中的图形进行局部缩小。

6.5　Graph 图形的输出

Origin 9.1 中 Graph 图形的输出一般有三种方法。第一种是菜单栏"Edit/Copy Page"，或者将鼠标放在界面的灰色区域，右键选择"Copy Page"。第二种是菜单栏"File/Export Graph"，如图 6-9 所示。在"Image Type"中选择要输出图形的格式类型，比如 jpg、bmp、tif 等格式，此外还可以对输出图形的名称、输出路径、图形大小等进行设置。最后一种是层的图形输出，这种层的图形输出会生成新的页面和所有层的图形，并在"项目管理器"添加多项 Graph；其输出方法是菜单栏"Graph/Extract to Graphs"，出现如图 6-10 所示的输出设置对话框。

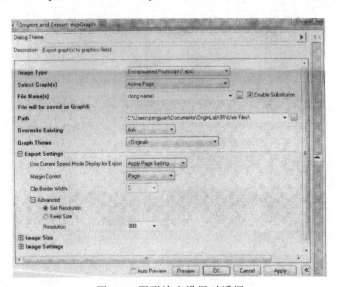

图 6-9　图形输出设置对话框

图 6-10　层的图形输出设置对话框

思 考 题

1. 如何对 Graph 窗口曲线图的线条大小、颜色、形状等进行设置？

2. 如何对曲线图中坐标轴的粗细、坐标刻度范围、坐标刻度的间隔值等进行设置？

3. 如何在曲线图中添加文本，并对文本字体的大小、颜色等进行设置？

4. Graph 图形的输出有几种方法？具体如何操作？

第 7 章

曲线拟合

在物理化学实验的数据处理部分，经常需要对实验数据进行回归分析和曲线拟合，寻求不同变量之间的函数关系，并通过经验公式或数学模型表达出来。Origin 9.1 提供了强大的线性回归和函数拟合功能，其中具有代表性的是线性拟合和非线性最小平方拟合。

7.1 线性拟合

线性拟合分析是数据分析中最简单但最重要的一种分析方法，是根据拟合函数式(7-1)以及最小二乘法计算参数 A （截距）和 B （斜率），最终得到 x （自变量）和 y （因变量）之间的函数关系。

$$y = A + Bx \tag{7-1}$$

通过选择菜单命令"Analysis/Fitting/Linear Fit"打开"Linear Fit"拟合对话框，在对话框中进行设置，来完成线性拟合。下面以液体饱和蒸气压的测定中 $\ln p$ 与 $1/T$ 之间的线性关系为例进行介绍。

① 首先，建立数据表，导入或录入实验数据，然后选中要分析的数据，生成散点图，如图 7-1 和图 7-2 所示。

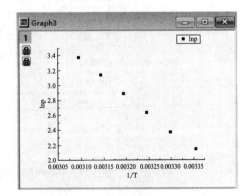

图 7-1　作图所需数据　　　　　图 7-2　使用数据绘制散点图

② 再通过菜单命令"Analysis/Fitting/Linear Fit"打开"Linear Fit"拟合对话框，如图 7-3 所示。在拟合对话框中，对拟合参数进行选择和设置，单击"OK"按钮，即完成

线性拟合。拟合直线和主要结果在散点图上给出，如图 7-4 所示。从拟合结果表中可以得到拟合直线的线性方程、拟合直线的截距和斜率、拟合相关系数等信息。拟合参数分析报告中给出在执行线性拟合命令后，Origin 9.1 自动生成的拟合参数分析报告和拟合数据工作表，如图 7-5 所示。

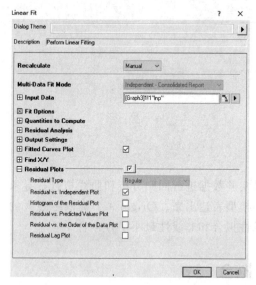

图 7-3　"Linear Fit"拟合对话框

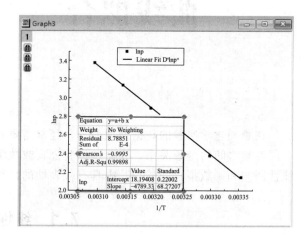

图 7-4　拟合得到的直线和主要结果

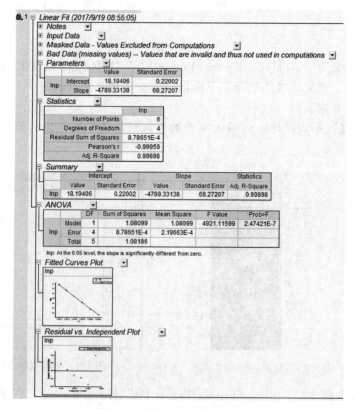

图 7-5　线性拟合参数分析报告

7.2　多项式回归

式(7-2)为多项式回归方程式（Polynomial Regression），式中，x 为自变量；y 为因变量；多项式的级数为 1～9。

$$y = A + B_1 x + B_2 x^2 + \cdots + B_k x^k \quad (7\text{-}2)$$

通过选择菜单命令"Analysis/Fitting/Polynomial Fit"打开"Polynomial Fit"拟合对话框，在对话框中对多项式的级数进行设置，来完成多项式拟合。下面以液体的表面张力与浓度的关系图为例进行说明。

首先，建立数据表，导入或录入实验数据，然后选中要分析的数据，生成散点图。选择菜单命令"Analysis/Fitting/Polynomial Fit"打开"Polynomial Fit"拟合对话框，在对话框中对多项式的级数等进行设置，点击"OK"按钮，即完成多项式拟合，如图 7-6 所示。从拟合结果表中可以得到回归方程的系数、拟合相关系数、标准差等信息。多项式回归曲线和拟合的主要结果在散点图上给出，如图 7-7 所示。在拟合的同时，Origin 9.1 自动生成了拟合参数分析报告和拟合数据工作表，如图 7-8 所示。

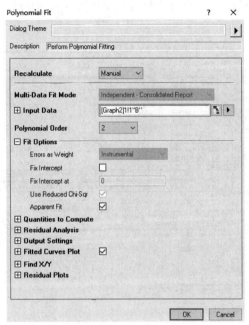

图 7-6　多项式拟合对话框

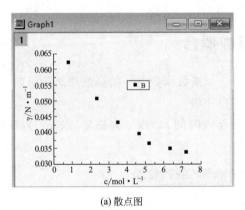

(a) 散点图

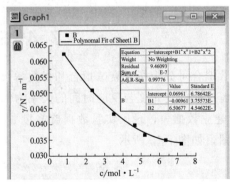

(b) 多项式回归曲线

图 7-7　散点图及多项式回归曲线

7.3　多元线性回归

多元线性回归用于分析多个自变量与一个因变量之间的线性关系。式(7-3)为一般多元线性方程。Origin 在进行多元线性回归时，需将工作表中一列设置为因变量（y），将其他的设置为自变量（x_1，x_2，$\cdots$，x_k）。

$$y = A + B_1 x_1 + B_2 x_2 + \cdots + B_k x_k \tag{7-3}$$

多元线性回归的具体步骤为：①输入数据，分别将列定义为因变量（y）和自变量（x_1，x_2，…，x_k）；②选择菜单命令"Analysis/Fitting/Multiple linear regression"打开"Multiple Regression"对话框，如图7-9所示。在"Multiple Regression"对话框中设置因变量（y）和自变量（x_1，x_2，…，x_k），点击"OK"按钮确定。

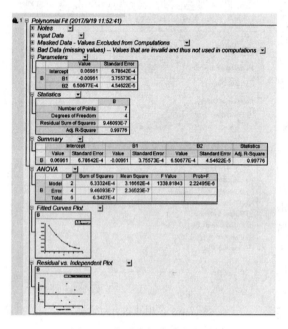

图7-8 多项式拟合分析报告

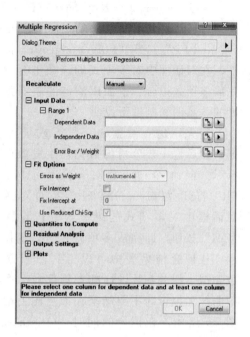

图7-9 "Multiple Regression"对话框

7.4 指数拟合

指数拟合可分为指数衰减拟合和指数增长拟合。指数函数有一阶函数和高阶函数。现以蔗糖水解过程的旋光度与反应时间的关系为例进行介绍。

① 建立数据表，录入实验数据旋光度 α_t 与反应时间 t，以 t 为横坐标，α_t 为纵坐标，作散点图，如图7-10所示。

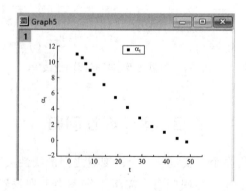

图7-10 散点图

② 选择菜单命令"Analysis/Fitting/Nonlinear Curve Fit",打开"NL Fit"拟合对话框,在对话框中对 Function 进行设置,选择"ExpDec1(指数衰减函数)",点击"Fit"按钮,如图 7-11 所示,即完成指数衰减函数拟合。从拟合结果表中可以得到回归方程的系数、拟合相关系数、标准差等信息。指数拟合曲线和拟合的主要结果在散点图上给出,如图 7-12 所示。在拟合的同时,Origin 9.1 自动生成了拟合参数分析报告和拟合数据工作表,如图 7-13 所示。

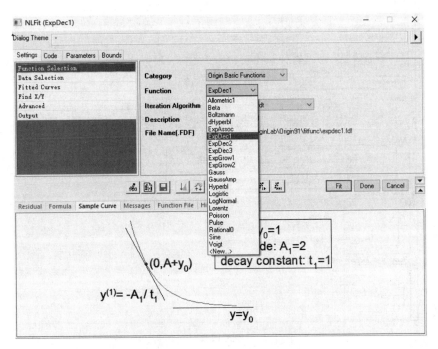

图 7-11 "NL Fit"拟合对话框

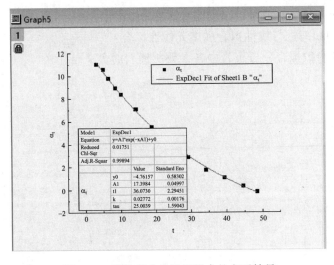

图 7-12 指数拟合曲线和拟合的主要结果

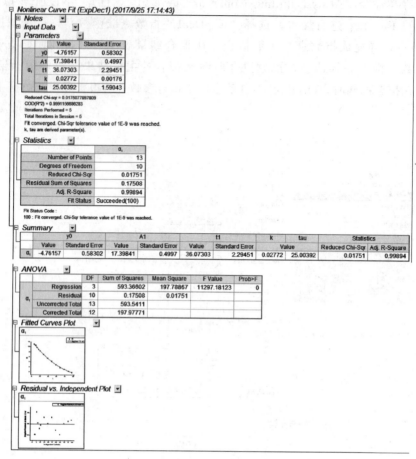

图 7-13 指数拟合分析报告

思 考 题

1. 线性拟合和多元线性拟合的区别是什么？
2. 在 Origin 中如何进行线性拟合和多元线性拟合？
3. 线性拟合和指数拟合分析报告中各参数所代表的含义是什么？

第 **8** 章 ▶▶▶

信号处理和谱线分析

8.1 信号处理

　　信号处理就是用数值计算方法对数字序列进行各种处理，把信号变换成符合需要的某种形式，达到提取有用信息、便于应用的目的。信号有模拟信号和数字信号两种。数字信号处理具有高精度和灵活性强等特点，能够定量检测电动势、压力、温度和浓度等参数，因此广泛应用于实验教学及科研中。Origin 9.1 中的信号处理主要指数字信号处理。数字信号处理对测量的数据采用了各种处理或转换方法。Origin 9.1 中，信号处理部分主要包括平滑、滤波、傅里叶变换和小波变换，下面介绍最常用的平滑和滤波处理。

8.1.1 平滑

　　通过菜单命令 "Analysis/Signal Processing/Smoothing"，打开 "Signal Processing：smooth" 对话框，如图 8-1 所示。对话框的左边部分为平滑处理控制选项面板。在 "Input"下拉列表框中，选择需平滑处理的数据。通过选择 "Method" 下拉列表，可实现 6 种方式对曲线的平滑处理，包括 "Adjacent-Averaging（相邻平均值）、Savitzky-Golay（萨维茨基-格雷）、Percentile Filter（百分位滤波器）、FFT Filter（FFT 滤波器）、Lowess（Lowess 平

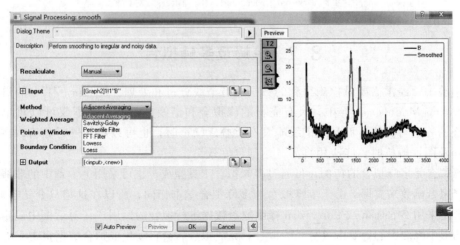

图 8-1　"Signal Processing：smooth" 对话框

滑）、Loess（Loess 平滑）"下拉选项。每种方法对应的平滑效果和相关参数略有不同。"Points of Window"用于选择窗口中平滑的数据点的数量。"Boundary Conditon"是边界条件的选项，可根据信号的情况进行选择。"Output"为确定输出的地方。当选中"Auto Preview"自动预览复选框时，在对话框的右边部分生成平滑处理后的效果图。

8.1.2　滤波

滤波能够使有用频率信号通过而衰减无用频率信号，从而对信号进行过滤。通过菜单命令"Analysis/Signal Processing/FFT Filters"，打开"Signal Processing：fft_filters"对话框，如图 8-2 所示。对话框的左边部分为数字滤波控制选项面板。在"Input"下拉列表框中，选择需滤波处理的数据。通过选择"Filter Type"下拉列表，可实现 6 种方式对数据的滤波处理，包括"Low Pass（低通，只允许低频率部分保留）、High Pass（高通，只允许高频率部分保留）、Band Pass（带通，只允许频率为指定频率以内部分保留）、Band Block（带阻，只允许频率为指定频率以外部分保留）、Threshold（门槛，只允许振幅大于指定数值的部分保留）、Low Pass Parabolic（低通抛物线）"。"Cutoff Frequency"是用于设置限制的频率范围。"Keep DC Offset"是 DC 偏移值。"Output"为确定输出的地方。当选中"Auto Preview"自动预览复选框时，在对话框的右边部分生成滤波处理后的效果图。

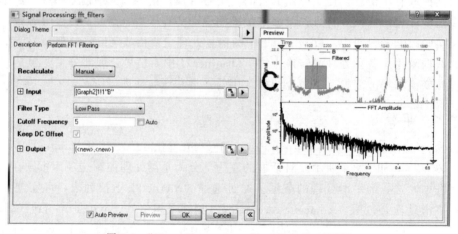

图 8-2　"Signal Processing：fft_filters"对话框

8.2　单峰及多峰拟合

在实验中，经常需要对检测得到的数据进行谱线分析和处理。Origin 9.1 中的谱线分析（Peak Fitting Module）向导中，具有完善的峰拟合和谱线分析功能，不仅可以对单峰、多个不重叠的峰进行分析，而且当谱线峰具有重叠、噪声时，也可以对其进行分析；在对隐峰进行分峰及图谱解析时也能应用自如，达到良好效果。

单峰拟合是多峰拟合的特例，可通过多峰拟合工具完成，也可采用上一章中的非线性拟合工具的峰拟合函数来实现。由于单峰拟合与多峰拟合基本相同，所以在这里只介绍多峰拟合。多峰拟合是采用 Guassian 或 Lorentzian 峰函数对数据进行拟合的。用户在对话框中确定峰的数量，在图形中峰的中心处双击进行峰的拟合，完成拟合后会自动生成拟合数据报告。

下面以 XPS 谱图分析为例介绍多峰拟合的步骤：

① 导入"XPS. CSV"数据文件，选择菜单命令"Plot/Line"，用工作表中"A（X）"和"B（Y）"列的数据绘制线图，如图 8-3 所示。

② 选择菜单命令"Analysis/Peaks and Baseline/Multiple Peaks Fit"，打开"Spectros-copy：nlfitpeaks"对话框，通过峰函数下拉列表框"Peak Function"中选择多峰拟合函数，如图 8-4 所示。

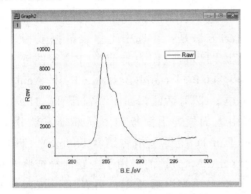

图 8-3 "XPS. CSV"数据绘制的线图

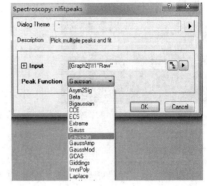

图 8-4 "Spectroscopy：nlfitpeaks"对话框

③ 在图 8-5 中 3 个峰处用鼠标双击，在 3 个峰处出现垂直线，如图 8-5（a）所示。在弹出的"Get Points"对话框中单击"Fit"按钮，确认完成拟合曲线，如图 8-5（b）所示。完成拟合后，自动生成拟合数据报告，如图 8-6 所示。

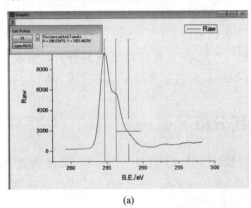

(a)

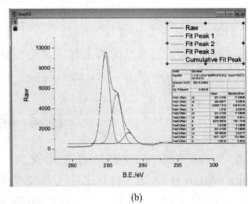

(b)

图 8-5 多峰拟合

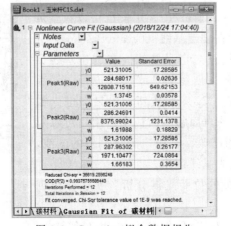

图 8-6 Gaussian 拟合数据报告

8.3 谱线分析（Peak Analyzer）向导

谱线分析向导能进行的分析项目包括：创建基线、多峰积分、寻峰、多峰拟合。这些分析项目是在谱线分析向导的目标（Goal）页面中进行选择

图 8-7 "Peak Analyzer" 对话框

的，通过选择目标选项，会在向导中出现向导进程。打开谱线分析对话框的方法是：在选中工作表数据或用工作表数据绘图，并将该图形窗口作为当前窗口的条件下，选择菜单命令 "Analysis/Peaks and Baseline/Peak Analyzer"，打开 "Peak Analyzer" 对话框，如图 8-7 所示。"Peak Analyzer" 对话框由上面板、下面板和中间部分三部分组成。上面板（Upper Panel）主要包括主题（Theme）控制和峰分析向导图（Wizard Map）；前者用于主题选择或将当前的设置保存为峰分析主题为以后所用；后者用于该向导不同页面的导航，单击向导图中不同页面，标记用不同颜色显示区别，绿色的为当前页面，黄色的为未进行的页面，红色的为已进行过的页面。下面板是用于调整（Tweaking）

每一页面中分析的选项，通过不同 X 函数完成基线创建和校正、寻峰、峰拟合等综合分析。用户可以通过下面板的控制进行计算选择。位于上面板和下面板之间的中间部分由多个按钮组成。其中，"Prev" 按钮和 "Next" 按钮用于向导中不同页面的切换；"Finish" 按钮用于跳过后面的页面，根据当前的主题一步完成分析；"Cancel" 按钮用于取消分析，关闭对话框；根据进行分析项目的不同，峰拟合向导流程控制页面内容和数量也不完全相同。

8.4 基线分析

在 "Peak Analyzer" 对话框开始页的下面板中，分析项目（Goal）选择创建基线（Create Baseline）选项，向导图进入基线模式（Baseline Mode）页面。此时，基线模式项目的面板如图 8-8 所示。单击 "Next" 按钮，向导图会进入创建基线页面，如图 8-9(a) 所示。在创建基线页面中，用户仅可采用自定义基线（User Defined）。用户也可以在该页面中定义基线定位点，而后在创建基线（Create Baseline）页面连接这些定位点，构成用户自定义基线。在创建基线页面的面板中，用户可以对图中创建的基线模式进行选择和对锚点方式进行确定。单击 "Next" 按钮，向导图进入如图 8-9(b) 所示的页面。在该页面的下面板中，用户可以对图中创建的基线进行调整和修改。若用户满意创建的基线，可单击 "Finish" 按钮，完成基线创建。

下面结合 "氧化石墨烯的拉曼光谱分析" 实例介绍创建基线的具体步骤。

① 导入 "基线分析 .dat" 数据文件，用工作表中

图 8-8 基线模式面板

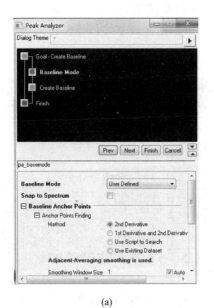 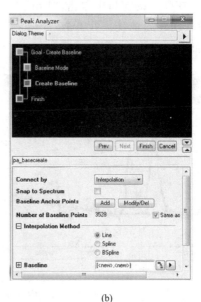

(a)   (b)

图 8-9　创建基线页面

"A(X)"和"B(Y)"绘制线图，先采用上一章讲过的数据平滑对曲线进行预处理。

② 选择菜单命令"Analysis/Peaks and Baseline/Peak Analyzer"，打开"Peak Analyzer"对话框。选择创建基线（Create Baseline）选项，单击两次"Next"按钮，进入创建基线（Create Baseline）页面，此时在图中出现一条黑色的基线，如图 8-10(a) 所示。从该图中圆圈处可以看到，该基线部分地方还不理想，需要增加定位点。

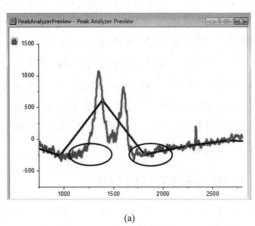 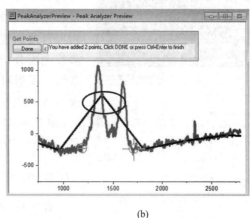

(a)   (b)

图 8-10　创建基线中的增加定位点

③ 在创建基线页面的下面板的基线定位（Baseline Anchor Points）栏单击"Add"按钮，在目标位置双击鼠标，添加 2 个定位点，而后在弹出的窗口中单击"Done"，得到的基线如图 8-10(b) 所示。

④ 但是图 8-10 中的基线还存在明显问题，即图 8-10(b) 的圆圈中的定位点完全偏离基线。这时需要对该定位点的位置进行修改。在如图 8-9(b) 所示的下面板的基线定位（Baseline Anchor Points）栏单击"Modify/Del"按钮，拖动鼠标将圆圈中的定位点位置进行移动

和修改，而后在弹出的窗口中单击"Done"，得到的基线如图 8-11(a) 所示。

⑤ 若满意创建的基线，可单击"Finish"按钮，则完成基线创建。该基线的数据保存在工作表中，如图 8-11(b) 所示。

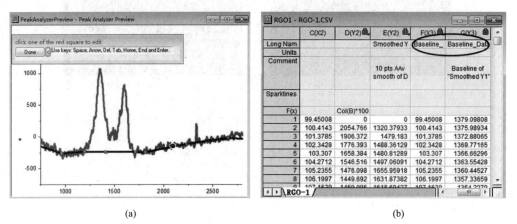

(a)　　　　　　　　　　(b)

图 8-11　创建基线中的修改定位点及创建的基线数据

8.5　多峰全面分析

在"Peak Analyzer"对话框开始页面（Start）的下面板中，分析项目（Goal）选择多峰全面分析（Integrate Peaks）选项，此时多峰分析项目的面板如图 8-12 所示。向导图会进入基线模式、基线处理、寻峰和多峰分析页面。用户可以通过谱线分析向导创建基线、从输入数据中减去基线、寻峰和计算峰面积。多峰分析项目的基线模式与前面提到的创建基线不完全相同。在多峰全面分析项目中，用户可以通过选择基线模式和创建基线，而后可以在除去基线（Subtract Baseline）页面中减去基线。此外，多峰全面分析项目中有用于检测峰的寻峰（Find Peaks）页面和用于定制分析报告的多峰全面分析（Integrate Peaks）页面。

8.5.1　多峰分析项目基线分析

图 8-12　多峰分析项目面板

在多峰分析项目面板中，单击"Next"按钮，向导图也进入基线模式（Baseline Mode）页面。此时，在该页面的基线模式（Baseline Mode）下拉列表框中，有"Constant、User Defined、Use Existing Dataset、XPS、None、End Points Weighted 和 Straight Line"7 种选项（如果在开始页面选择创建基线选项，则仅有"User Defined"一种选项），分别表示基线为常数、用户自定义、用已有数据组合、定义 X 射线光电子谱图特殊基线、不创建基线、终点加权和直线。多峰分析项目基线模式页面的下面板如图 8-13 所示。再单击"Next"按钮，向导图也进入基线处理（Baseline Treatment）页面。在该页面中，用户可以进行减去基线操作。如果在开始页面中选择了峰拟合项目，则用户在基线处理页面还可以考虑是否对基线进行拟合处理。基线处理页面的下面板如图 8-14 所示。

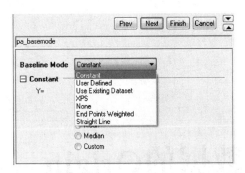
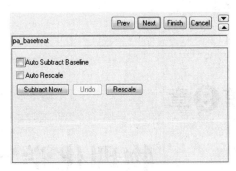

图 8-13 多峰分析项目基线模式页面的下面板　　　图 8-14 基线处理页面的下面板

8.5.2 多峰分析项目寻峰和多峰分析

在多峰分析项目中，继续单击"Next"按钮，向导图也进入寻峰（Find Peaks）页面，寻峰页面的下面板如图 8-15 所示。在该页面中，用户可以选择自动寻峰和通过手工方式进行寻峰。用户还可以在寻峰的方式设置（Peak Finding Settings）下拉列表框中，选择"Local Maximum""Window Search""1st Derivative"和"2nd Derivative（search Hidden peaks）"等方式。其中，二次微分"2nd Derivative（search Hidden peaks）"和一次微分＋残差"Residual after 1st Derivative（search Hidden peaks）"寻峰方式对隐峰非常有效。

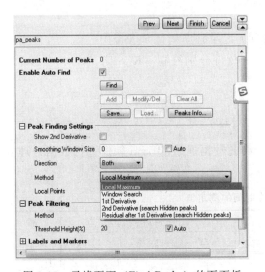
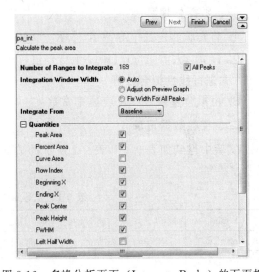

图 8-15 寻峰页面（Find Peaks）的下面板　　　图 8-16 多峰分析页面（Integrate Peaks）的下面板

多峰分析项目页面中继续单击"Next"按钮，向导图也进入多峰分析（Integrate Peaks）页面。多峰分析页面的下面板如图 8-16 所示。在该页面中，可以对输出的内容（如峰面积、峰位置、峰高、峰中心和峰半宽等）的输出的地方进行设置。设置完成后单击"Finish"按钮，即可将峰分析的结果保存在新建的工作表中。

思 考 题

1. 曲线图基线发生偏离，如何利用谱线分析向导校正基线并扣除背景值？
2. 对曲线图进行多峰拟合，用 Origin 9.1 具体如何操作？
3. 如何在谱线分析向导中进行寻峰操作？

第 **9** 章 ▶▶▶

物理化学实验数据的Origin处理示例

专题一　线性拟合

示例 1　电导法测定乙酸乙酯皂化反应的速率常数

一、数据处理要求

1. 将实验测定的电导率 K_0、K_∞、K_t 和时间 t 记录到原始记录表格中。

2. 计算 $(K_0 - K_t)/(K_t - K_\infty)$ 值，用 Origin 软件分别绘制 $(K_0 - K_t)/(K_t - K_\infty)$-$t$ 图，并进行线性拟合处理。

3. 由拟合参数计算反应速率常数 k。

二、实验数据记录

实验中得到如表 9-1 和表 9-2 所示的数据，可将此数据通过 Origin 软件进行数据处理及绘图。

表 9-1　电导率随反应时间的测定值

t/min	4	8	12	16	20	24	28	32
K_t/mS·cm^{-1}	2.120	1.952	1.796	1.672	1.599	1.536	1.481	1.436
t/min	36	40	44	48	52	56	60	
K_t/mS·cm^{-1}	1.393	1.365	1.331	1.306	1.282	1.264	1.240	

表 9-2　K_0 和 K_∞ 的测定值

电导率	1	2	3
K_0/mS·cm^{-1}	2.262	2.263	2.266
K_∞/mS·cm^{-1}	0.907	0.909	0.911

三、数据处理过程

1. 数据的录入

（1）打开 "Origin 9.1" 软件，出现 "Book1" 窗口。在 "A（X）" 和 "B（Y）" 两列分

别录入 "时间 t" 和 "电导率 K_t" 数据，写出列名称，如图 9-1 所示。点击菜单 "File/Save Project as"，另存为 "电导法测定乙酸乙酯皂化反应的速率常数 .opj" 的 Origin 文件。

（2）选择菜单命令 "Column/Add new columns" 或者窗口上侧工具栏 快捷键，在弹出的 "Add new columns" 对话框中输入要添加的列的数目 "1"，点击 "OK" 按钮，即在 "Book1" 中添加 "C（Y）" 列，写上列名称。单击 "C（Y）" 列顶部选中该列，选择菜单命令 "Column/Set column values" 或者右键选择 "Set column values" 命令，在弹出的 "Set Values" 对话框中 "Col（C）＝" 处录入 $(K_0 - K_t)/(K_t - K_\infty)$ 值的计算式 "（2.264-Col（"K_t"））/（Col（"K_t"）-0.909）"，如图 9-2 所示。

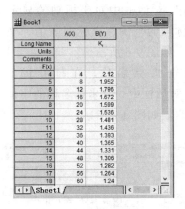

图 9-1 数据的录入

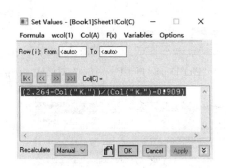

图 9-2 "Set Values" 对话框

2. 线性拟合处理

（1）按住 "Ctrl" 键，点击 "A（X）" 和 "C（Y）" 两列顶部选中数据，选择菜单命令 "Plot/Symbol/Scatter" 或者点击窗口左下角 按钮，绘制散点图，如图 9-3 所示。

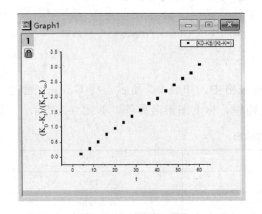

图 9-3 散点图的绘制

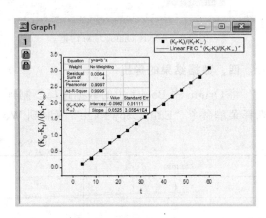

图 9-4 线性拟合结果

（2）在 "Graph1" 的窗口中，选择菜单命令 "Analysis/Fitting/Linear Fit"，在弹出的 "Linear Fit" 对话框中点击 "OK" 按钮，即在 Graph1 中生成拟合的直线及拟合结果分析表格，显示有拟合直线方程的斜率、截距相关系数等参数，如图 9-4 所示。在 Graph1 空白处点击鼠标右键选择 "Add Text" 命令或者窗口左侧工具栏 **T** 按钮，在图中添加拟合直线方程和相关系数 "R" 信息。

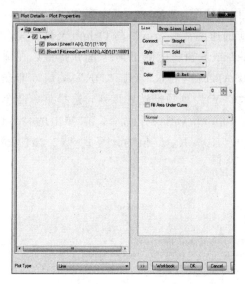

图 9-5 "Plot Details-Plot Properties" 对话框

（3）由拟合结果分析得到的直线斜率可求得反应速率常数 k 值。

3. 图形和曲线的显示设置

（1）选择菜单命令"Format/Plot Properties"，打开"Plot Details-Plot Properties"对话框，在"Line"选项卡中的"Width"下拉菜单中，选"4"使曲线变粗，点击"OK"按钮，如图 9-5 所示。

（2）双击左边或底边坐标轴，在打开的"Axis Dialog"对话框中对坐标轴的显示进行设置，包括坐标轴的范围、坐标间隔值、坐标轴线条的粗细等，如图 9-6 所示。

（3）双击坐标名称，在打开的"Object Properties"对话框中，对坐标名称的字体大小等进行设置修改，如图 9-7 所示。

图 9-6 "Axis Dialog" 对话框

图 9-7 "Object Properties" 对话框

四、数据结果的导出

将 Origin 中 Book1 中的数据选择复制到 Word 表格中，如表 9-3 所示。将 Graph1 通过选择菜单命令"Edit/Copy Page"复制到 Word 文档中，标上图形名称等，如图 9-8 所示。

表 9-3 数据的输出

$t/\min$	K_t	$(K_0-K_t)/(K_t-K_\infty)$
4	2.12	0.11891
8	1.952	0.29914
12	1.796	0.52762
16	1.672	0.77588
20	1.599	0.96377
24	1.536	1.16108
28	1.481	1.36888
32	1.436	1.57116

续表

$t/\min$	K_t	$(K_0-K_t)/(K_t-K_\infty)$
36	1.393	1.79959
40	1.365	1.97149
44	1.331	2.2109
48	1.306	2.4131
52	1.282	2.63271
56	1.264	2.8169

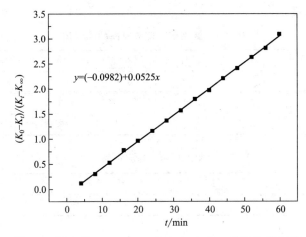

图 9-8 导出的 $(K_0-K_t)/(K_t-K_\infty)$-t 的线性拟合图

五、思考讨论

1. 乙胺在不同温度下的蒸气压如下：

$t/℃$	-13.9	-10.4	-5.6	$+0.9$	$+5.8$	$+11.5$	$+16.2$
p/kPa	24.39	31.19	37.56	49.52	64.15	79.41	100.04

试绘出 p-t 及 $\ln p$-$\dfrac{1}{T}$ 关系曲线，并求出乙胺的蒸气压与温度的关系式。

2. 举例说明物理化学实验中可用到线性拟合的实验还有哪些。

专题二 非线性拟合

示例2 旋光法测定蔗糖转化反应的速率常数

一、数据处理要求

1. 将实验测定的时间 t、旋光度 α_t、α_∞ 记录到原始记录表9-4、表9-5中。

2. 计算 $\ln(\alpha_t - \alpha_\infty)$ 值，用 Origin 软件分别绘制 $\ln(\alpha_t - \alpha_\infty)$-$t$ 和 α_t-t 图，并进行线性拟合和非线性拟合处理。

3. 由拟合参数计算反应速率常数 k 及反应半衰期 $t_{1/2}$。

二、实验数据记录

表 9-4 旋光度随反应时间的测定值

t/min	3.00	5.00	6.47	8.37	10.01	14.18	19.07
α_t	11.06	10.60	9.80	8.95	8.40	7.10	5.50
t/min	24.00	29.05	34.13	39.28	44.53	48.45	
α_t	4.30	2.90	1.80	1.10	0.35	-0.15	

表 9-5 α_∞ 的测定值

α_∞	-3.35	-3.30	-3.40
α_∞平均值	-3.35		

三、数据处理过程

1. 数据的录入

（1）打开"Origin 9.1"软件，出现"Book1"窗口，在数据表中"A(X)"和"B(Y)"两列分别录入"时间 t"和"旋光度 α_t"数据，并写出列名称，如图9-9所示。选择菜单命令"File/Save Project as"，另存为"旋光法测定蔗糖转化反应的速率常数.opj"的 Origin 文件。

（2）点击菜单"Column/Add new columns"，在弹出的对话框中输入要添加列数"1"，点击"OK"按钮，在"Book1"中添加"C(Y)"列，写上列名称"$\ln(\alpha_t - \alpha_\infty)$"。

（3）单击"C(Y)"列顶部选中该列，选择菜单命令"Column/Set column values"或者右键选择"Set column values"命令，在弹出的"Set Values"对话框中"Col(C)="处录入 $\ln(\alpha_t - \alpha_\infty)$ 值的计算式"ln(Col("α_t")−(−3.35))"，点击"OK"按钮，即在"C(Y)"列自动输入计算后的 $\ln(\alpha_t - \alpha_\infty)$ 值，如图9-10所示。此处录入 $\ln(\alpha_t - \alpha_\infty)$ 值的计算式"ln(Col("α_t")−(−3.35))"有两种方法。一种是通过键盘手工录入；另外一种是使用菜单命令：在"Set Values"对话框中，选择对话框菜单"F(x)/Math/ln(x)"，即在对话框中录入"ln（）"；然后点击菜单"Col(A)/Col(α_t):B"，再手动录入"$-\alpha_\infty$"值，实际上录入的是"ln(Col("α_t")−(3.35))"，点击"OK"按钮，即可在"C(Y)"列自动输入计算后的 $\ln(\alpha_t - \alpha_\infty)$ 值。

2. 线性拟合处理

（1）按住"Ctrl"键，点击"A(X)"和"C(Y)"两列顶部，选中，如图9-11所示。选择菜单命令"Plot/Symbol/Scatter"或者点击左下角 按钮绘制散点图，如图9-12所示。

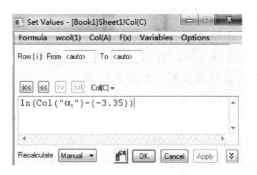

图 9-9　数据的录入　　　　　　　图 9-10　"Set Values"对话框

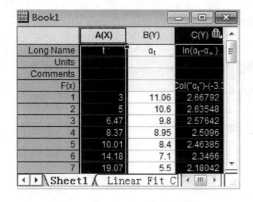

图 9-11　选中需要作图的数据

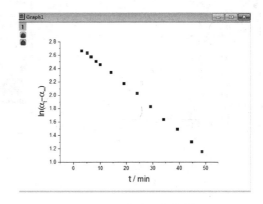

图 9-12　散点图的绘制

（2）在"Graph1"的窗口中，选择菜单命令"Analysis/Fitting/Linear Fit"，在弹出的"Linear Fit"对话框中点击"OK"按钮，即在 Graph1 中生成拟合的直线及拟合结果分析表格，显示有拟合直线方程的斜率、截距、相关系数等参数。在 Graph1 空白处点击鼠标右键选择"Add Text"命令或者点击窗口左侧工具栏 **T** 按钮，在图中添加拟合直线方程和相关系数"R"信息，如图 9-13 所示。

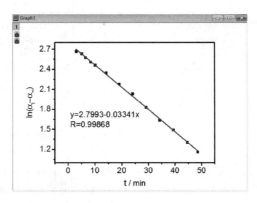

图 9-13　线性拟合图

（3）根据线性拟合结果及线性方程：$\ln(\alpha_t - \alpha_\infty) = -kt + \ln(\alpha_0 - \alpha_\infty)$，计算得速率常数 $k = 0.03341 \text{min}^{-1}$，即可通过 $t_{1/2} = (\ln 2)/k$ 来计算 $t_{1/2}$ 值。

3. 非线性拟合处理

（1）选择菜单命令"Windows/Book1"，切换至"Book1"窗口，点击"A（X）"和"B（Y）"两列顶部，选中数据，选择菜单命令"Plot/Symbol/Scatter"或者点击窗口左下角 按钮，绘制散点图，如图 9-14 所示。

（2）选择菜单"Analysis/Fitting/Nonlinear curve fit"进行非线性拟合，在弹出的"NLFit"对话框中，"Category"下拉选项中选择"Exponential"，"Function"下拉选项中选择"ExpDec1"，如图 9-15 所示。单击"Fit"按钮，得到拟合曲线和拟合结果表格，如图9-16 所示。自动生成的非线性拟合报告在"Book1"中，如图 9-17 所示。

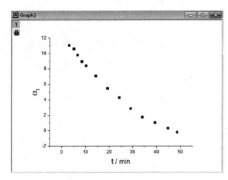

图 9-14　散点图

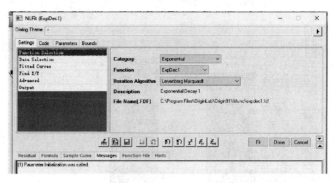

图 9-15　"NLFit"对话框

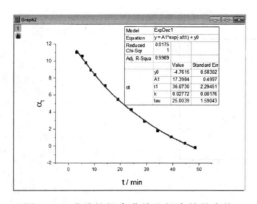

图 9-16　非线性拟合曲线和拟合结果表格

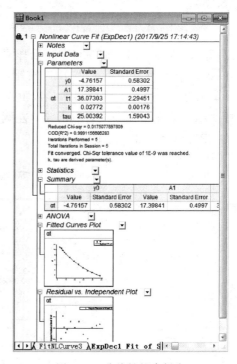

图 9-17　非线性拟合报告

（3）根据非线性方程 $\alpha_t = \alpha_\infty + (\alpha_0 - \alpha_\infty)e^{-kt}$ 和非线性拟合结果，计算得速率常数 $k = 1/36.07 = 0.0277 \text{min}^{-1}$，即可通过 $t_{1/2} = (\ln2)/k$ 来计算 $t_{1/2}$ 值。

4. 图形和曲线的显示设置

（1）选择菜单命令"Format/Plot Properties"，打开"Plot Details-Plot Properties"对话框，在"Line"选项卡中的"Width"下拉菜单中，选"4"使曲线变粗，点击"OK"按钮。

（2）双击左边或底边坐标轴，在打开的"Axis Dialog"对话框中对坐标轴的显示进行设置，包括坐标轴的范围、坐标间隔值、坐标轴线条的粗细等。

（3）双击坐标名称，在打开的"Object Properties"对话框中，对坐标名称的字体大小等进行设置修改，如图 9-7 所示。

四、数据结果的导出

将"Book1"中的数据复制到 Word 文档中，如表 9-6 所示，并将 Origin 中绘制的图形通过菜单"Edit/Copy Page"复制到 Word 文档中，如图 9-18 所示，写上表格及图形名称等，即可打印。

表 9-6　旋光法测定蔗糖转化反应速率常数的数据

t/min	α_t	α_∞	$\ln(\alpha_t - \alpha_\infty)$
3	11.06		2.67
5	10.6		2.64
6.47	9.8		2.58
8.37	8.95		2.51
10.01	8.4		2.46
14.18	7.1	-3.35	2.35
19.07	5.5		2.18
24	4.3		2.03
29.05	2.9		1.83
34.13	1.8		1.64
39.28	1.1		1.49
44.53	0.35		1.31
48.45	-0.15		1.16

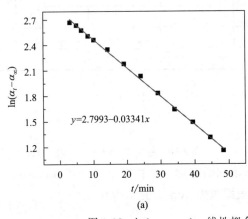 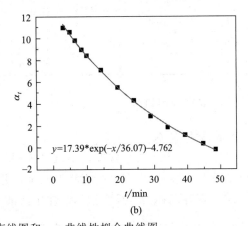

（a）　　　　　　　　　　　　　　（b）

图 9-18　$\ln(\alpha_t - \alpha_\infty)$-$t$ 线性拟合直线图和 α_t-t 非线性拟合曲线图

五、思考讨论

由线性拟合和非线性拟合处理得到的速率常数 k 值，哪个更接近文献值？为什么？

专题三 多项式拟合

示例3 最大泡压法测定溶液的表面张力

一、数据处理要求

1. 绘制标准乙醇溶液的浓度-折射率工作曲线，查出各溶液的浓度。

2. 分别计算各种浓度乙醇溶液的 γ 值，作 γ-c 曲线图，在 γ-c 曲线图上求出各浓度值的相应斜率，即 $\dfrac{\mathrm{d}\gamma}{\mathrm{d}c}$。

3. 计算溶液各浓度所对应的单位表面吸附量。

4. 对 $\dfrac{c}{\Gamma}$-c 作图，应有一条直线，由直线斜率求出 Γ_∞。

5. 计算乙醇分子的横截面积 S_0。

二、实验原始数据记录

标准乙醇溶液的浓度-折射率见表9-7，并将实验测定数据记录于表9-8。

表 9-7　标准乙醇溶液的浓度-折射率

乙醇水溶液浓度	1.0535	2.1114	3.0582	4.4485	5.7937	6.3979	7.5026	8.5997
折射率	1.3343	1.3376	1.3415	1.3458	1.3502	1.3520	1.3555	1.3570

表 9-8　各乙醇溶液的折射率及压力计读数

乙醇水溶液	折射率	实际浓度	Δp/kPa	γ/N·m^{-1}	$\mathrm{d}\gamma/\mathrm{d}c$	Γ/mol·m^{-2}	c/Γ
去离子水	—	—	0.480				
1	1.3350		0.370				
2	1.3382		0.326				
3	1.3405		0.274				
4	1.3460		0.258				
5	1.3495		0.224				
6	1.3522		0.186				
7	1.3575		0.180				

三、数据处理过程

1. 数据的录入

打开"Origin 9.1"软件，出现"Book1"窗口。在数据表中"A(X)"和"B(Y)"两列分别录入"浓度 c"和"折射率"数据，并写出列的名称。选择菜单命令"File/Save Project as"，保存名称为"最大泡压法测定溶液的表面张力.opj"的 Origin 文件。

2. 浓度-折射率工作曲线的绘制

（1）按住"Ctrl"键，点击"A(X)"和"C(Y)"两列顶部，选中，选择菜单命令"Plot/Symbol/Scatter"或者点击窗口左下角 按钮，绘制散点图，如图9-19所示。

（2）在"Graph1"的窗口中，选择菜单命令"Analysis/Fitting/Linear Fit"，在弹出的

"Linear Fit"对话框中点击"OK"按钮，即在Graph1中生成拟合的直线及拟合结果分析表格，显示有拟合直线方程的斜率、截距、相关系数等参数。在Graph1空白处点击鼠标右键，选择"Add Text"命令或者点击窗口左侧工具栏 **T** 按钮，在图中添加拟合直线方程和相关系数"R"信息，如图9-20所示。

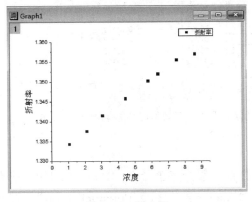

图9-19　散点图

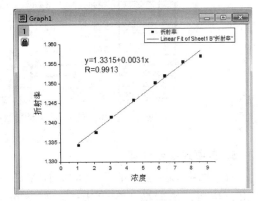

图9-20　线性拟合

3. 表9-8中乙醇溶液实际浓度的计算与输入

（1）选择菜单命令"Windows/Book1"，将窗口切换至Book1，选择菜单命令"Column/Add new columns"或者窗口上侧工具栏 **+** 快捷键，在数据表中增加两列，写上列名称浓度和折射率。

（2）选择菜单命令"Set as/X"将增加的"C(Y2)"定义为X，然后在"D(Y2)"列录入表9-8中测定的折射率值。

（3）选中"C(X2)"列，选择菜单命令"Column/Set column values"或者右键选择命令"Set column values"，在弹出的"Set Values"对话框中录入由［Column（D）］

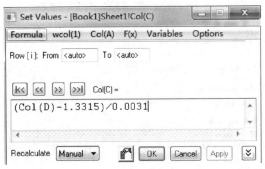

图9-21　"Set Values"对话框

计算浓度的计算公式（由图9-20的直线方程可以得到），如图9-21所示，点击"OK"按钮，则在"C(X2)"列自动输入计算后的实际浓度值。

4. 表9-8中表面张力γ的计算与输入

（1）选择菜单命令"File/New/Worksheet"，新建一个工作表Book2，将Book1中的"C(X2)"列的浓度值复制到Book2的"A(X)"列，在Book2的"B(Y)"列录入Book2中的Δp值数据，写上列名称，如图9-22所示。

（2）选择菜单命令"Column/Add new columns"，在Book2中增加两列，选择菜单命令"Set as/X"将"C(Y)"列定义为X，然后将"A(X1)"的浓度值复制到"C(X2)"列。选中"D(Y2)"列，选择菜单命令"Column/Set column Values"或者右键选择命令"Set column values"，在弹出的"Set Values"对话框中录入由Δp值［B(Y1)列］计算表面张力γ的公式，点击"OK"按钮，得到的数据如图9-22所示。

	A(X1)	B(Y1)
Long Name	c	Δp
Units		
Comments		
F(x)		
1	1.12903	0.37
2	2.16129	0.326
3	2.90323	0.274
4	4.67742	0.258
5	5.80645	0.224
6	6.67742	0.186
7	8.3871	0.18
8		

	C(X2)	D(Y2)
Long Name	c	γ
Units		
Comments		
F(x)		l("P")*1000*1.499/100
1	1.12903	0.05546
2	2.16129	0.04887
3	2.90323	0.04107
4	4.67742	0.03867
5	5.80645	0.03358
6	6.67742	0.02788
7	8.3871	0.02698

图 9-22 乙醇溶液实际浓度与 Δp 值的录入及表面张力值的计算录入

5. 多项式拟合处理

（1）选中 Book2 中的"A(X)，B(Y)"两列数据，选择菜单命令"Plot/Symbol"或者点击 ![按钮，绘制散点图。然后选择菜单命令"Analysis/Fitting/Polynomial Fit"，打开"Polynomial Fit"多项式拟合对话框，如图 9-23 所示。选择"Polynomial Order"下拉菜单选项"2"，也就是将多项式拟合级数设置为 2，点击"OK"按钮，得到表面张力 γ 与乙醇浓度 c 的关系曲线，如图 9-24 所示。

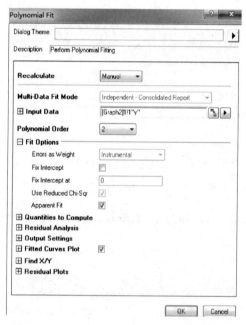

图 9-23 "Polynomial Fit"多项式拟合对话框

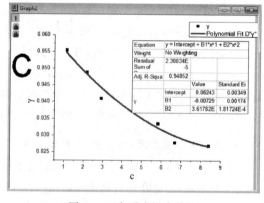

图 9-24 多项式拟合曲线

（2）多项式拟合生成的拟合结果分析报告自动保存在 Book2 中，如图 9-25 所示。由拟合报告可得表面张力与浓度的关系式 $\gamma = 3.618 \times 10^{-4} c^2 - 0.0073c + 0.062$，对该式微分，可得 $\mathrm{d}\gamma/\mathrm{d}c = 2 \times 3.618 \times 10^{-4} c - 0.0073$。

6. $\mathbf{d}\gamma/\mathbf{d}c$、$\boldsymbol{\Gamma}$ 和 $c/\boldsymbol{\Gamma}$ 值的计算和输入

（1）选择菜单命令"Column/Add new columns"，在 Book2 中增加 3 列，分别为"E

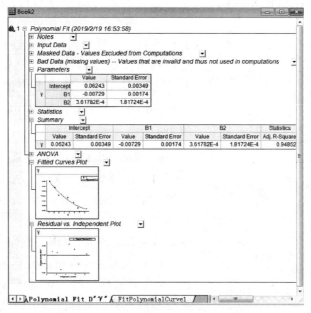

图 9-25　多项式拟合结果分析报告

（Y2）、F（Y2）、G（Y2）"。选中"E（Y2）"列，选择菜单命令"Column/Set column values"或者右键选择命令"Set column values"，在弹出的"Set Values"对话框中录入由浓度 c 值［C（Y2）］计算 $d\gamma/dc$ 的公式，点击"OK"按钮。

（2）采用步骤（1）的同样方法在"F（Y2）"和"G（Y2）"列计算 Γ 和 c/Γ 值，得到的数据如图 9-26 所示。

7. $\dfrac{c}{\Gamma}$ - c 拟合直线

（1）选中"C（Y2）"列和"G（Y2）"列的浓度 c 和 c/Γ 数据，选择菜单命令"Plot/Symbol"或者点击 按钮，绘制散点图。选择菜单命令"Analysis/Fitting/Linear Fit"，在弹出的"Linear Fit"对话框中点击"OK"按钮，即在 Graph1 中生成拟合的直线及拟合结果分析表格，显示有拟合直线方程的斜率、截距、相关系数等参数，如图 9-27 所示。

图 9-26　$d\gamma/dc$、Γ 和 c/Γ 值的计算和输入

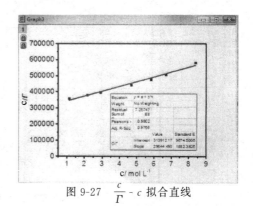

图 9-27　$\dfrac{c}{\Gamma}$ - c 拟合直线

（2）在 Graph3 空白处点击鼠标右键"Add Text"命令或者窗口左侧工具栏 **T** 按钮，在

图中添加拟合直线方程和相关系数"R"信息。由拟合结果分析得到的直线斜率可求得 Γ_∞ 值。

（3）由于图9-27中的纵坐标数字表示比较复杂，可选用科学计数法。双击左边数字坐标，打开"Axis Dialog"对话框，在"Y Axis/Tick Labels/Left"选项卡中的"Display"下拉选项中选择科学计数法（Scentific：10^3），如图9-28所示。

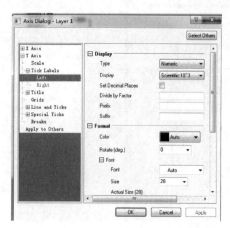

图 9-28　纵坐标科学计数法的显示设置

8. 图形和曲线的显示设置

（1）选择菜单命令"Format/Plot Properties"，打开"Plot Details-Plot Properties"对话框，在"Line"选项卡中的"Width"下拉菜单中，选"4"使曲线变粗，点击"OK"按钮。

（2）双击左边或底边坐标轴，在打开的"Axis Dialog"对话框中对坐标轴的显示进行设置，包括坐标轴的范围、坐标间隔值、坐标轴线条的粗细等。

（3）双击坐标名称，在打开的"Object Properties"对话框中，对坐标名称的字体大小等进行设置修改，如图9-7所示。

四、数据结果的导出

将 Origin 中 Book1 中的数据选择复制到 Word 表格中，如表9-9所示。将绘制的图形通过选择菜单命令"Edit/Copy Page"复制到 Word 文档中，写上图形名称等，如图9-29所示。

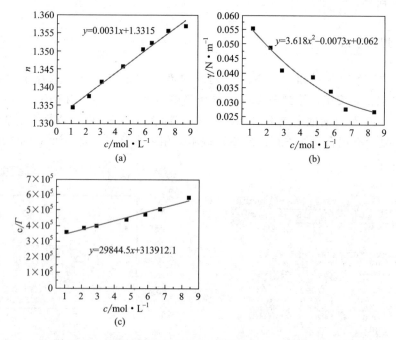

图 9-29　乙醇溶液的浓度-折射率工作曲线（a）、表面张力-浓度

关系曲线（b）和 $\dfrac{c}{\Gamma}$-c 拟合直线（c）

表 9-9　数据的输出

乙醇水溶液	折射率	实际浓度	Δp/kPa	γ/N·m^{-1}	dγ/dc	Γ/mol·m^{-2}	c/Γ
去离子水	/	/	0.480				
1	1.3350	1.1290	0.370	0.0555	-0.00689	3.14E-6	3.59703E$+05$
2	1.3382	2.1613	0.326	0.0489	-0.00652	5.68E-6	3.80326E$+05$
3	1.3405	2.9032	0.274	0.0411	-0.00625	7.32E-6	3.96672E$+05$
4	1.3460	4.6774	0.258	0.0387	-0.00561	1.06E-5	4.42111E$+05$
5	1.3495	5.8065	0.224	0.0336	-0.0052	1.22E-5	4.76873E$+05$
6	1.3522	6.6774	0.186	0.0279	-0.00488	1.32E-5	5.07666E$+05$
7	1.3575	8.3871	0.180	0.0270	-0.00426	1.44E-5	5.81354E$+05$

五、思考讨论

（1）若在多项式拟合中，拟合级数为 3，应该如何设置呢？

（2）在 Origin 中如何通过画切线的方法得到 dγ/dc 数据？

专题四　多曲线图的绘制

示例4　双液系的气液平衡相图

一、数据处理要求

1. 将实验测定的原始数据记录在原始记录表格中。

2. 用 Origin 软件绘制工作曲线，即环己烷-乙醇标准溶液的折射率与组成的关系曲线。根据工作曲线确定各测定溶液的气相和液相的平衡组成。

3. 用 Origin 软件绘制环己烷-乙醇双液系的气-液平衡相图，并从图中确定恒沸混合物的最低恒沸点和组成。

二、实验数据记录

环己环-乙醇标准溶液的组成-折射率见表 9-10，再将实验数据记录于表 9-11。

表 9-10　环己烷-乙醇标准溶液的组成-折射率

x(环己烷)	0	0.10	0.20	0.30	0.40
n	1.3590	1.3604	1.3689	1.3774	1.3867
x(环己烷)	0.50	0.60	0.70	0.80	0.90
n	1.3933	1.4000	1.4108	1.4161	1.4229

表 9-11　不同组成的环己烷-乙醇溶液的沸点及气液相折射率

x(环己烷)	沸点/℃	n_g	x_g	n_1	x_1
0	75.00	1.3590		1.3590	
0.05	73.38	1.3708		1.3603	
0.15	71.58	1.3763		1.3627	
0.30	69.11	1.3848		1.3643	
0.45	62.22	1.3975		1.3844	
0.55	61.65	1.3990		1.3857	
0.65	61.55	1.4011		1.4038	
0.80	66.35	1.4059		1.4208	
0.95	76.94	1.4235		1.4232	
1.00	77.00	1.4236		1.4235	

三、数据处理过程

1. 标准溶液的组成-折射率数据的录入

打开"Origin 9.1"软件，出现"Book1"窗口。在"A(X)"和"B(Y)"两列分别录入组成 x（环己烷）和折射率 n 数据，写出列名称，如图 9-30 所示。点击菜单"File/Save Project as"，另存为"双液系的气液平衡相图 .opj"的 Origin 文件。

2. 折射率 n 和 x（环己烷）的工作曲线

（1）点击选中 Book1 中的"A(X)"和"B(Y)"两列数据，选择菜单命令"Plot/Symbol/Scatter"或者点击窗口左下角 按钮，绘制散点图。

（2）在"Graph1"的窗口中，选择菜单命令"Analysis/Fitting/Linear Fit"，在弹出的"Linear Fit"对话框中点击"OK"按钮，即在Graph1中生成拟合的直线及拟合结果分析表格，显示有拟合直线方程的斜率、截距、相关系数等参数，如图9-31所示。

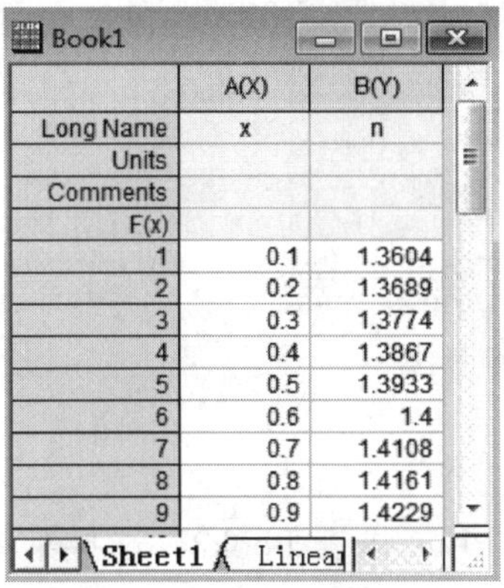

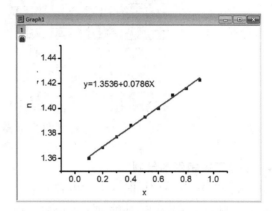

图9-30　x（环己烷）和折射率 n 数据的录入

图9-31　折射率 n 和 x （环己烷）的工作曲线

（3）在Graph1空白处点击鼠标右键"Add Text"命令或者点击窗口左侧工具栏 **T** 按钮，在图中添加拟合直线方程和相关系数"R"信息。

3. x_g、x_1 和 T/K 数据的计算与输入

（1）选择菜单命令"File/New/Worksheet"，新建一个工作表Book2，"B（Y）"列录入表9-11中的 n_g 数据，写上列名称。

（2）选中Book2的"A（X）"列，选择菜单命令"Column/Set column values"或者右键选择"Set column values"命令，在弹出的"Set Values"对话框中"Col（C）＝"处录入由 n_g［Column（B）］计算 x_g 的计算公式，点击"OK"按钮，如图9-32所示。

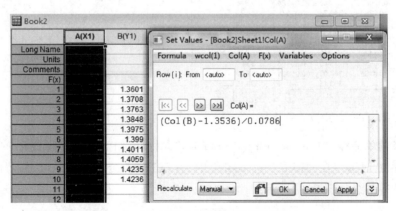

图9-32　气相组成 x_g 数据的计算与输入

（3）增加两列，"D（Y2）"列录入表9-11中的 n_1 数据。选择"Set column values"命令在"C（X2）"列输入由 n_1［Column（D）］计算得到的 x_1 数据。

（4）增加两列，"E（Y2）"列录入表9-11中的沸点数据。选择"Set column values"命令在"F（Y2）"列输入将温度 $t/℃$ 值计算转换为 T/K 值。计算得到的 x_g、x_1 和 T/K 数据如图9-33所示。

	A(X1)📷	B(Y1)	C(X2)📷	D(Y2)	E(Y2)	F(Y2)📷
Long Name	Xg	n	Xl	n	t	T
Units						
Comments						
F(x)	B)-1.3536)/0		)-1.3536)/0			ol(T)+273.
1	0.0827	1.3601	0.0827	1.3601	75	348.15
2	0.21883	1.3708	0.08524	1.3603	73.38	346.53
3	0.2888	1.3763	0.11578	1.3627	71.58	344.73
4	0.39695	1.3848	0.13613	1.3643	69.11	342.26
5	0.55852	1.3975	0.39186	1.3844	62.22	335.37
6	0.57761	1.399	0.4084	1.3857	61.65	334.8
7	0.60433	1.4011	0.53868	1.4038	61.55	334.7
8	0.66539	1.4059	0.85496	1.4208	66.35	339.5
9	0.88931	1.4235	0.8855	1.4232	76.94	350.09
10	0.89059	1.4236	0.88931	1.4235	77	350.15

图 9-33　x_g、x_l 和 T/K 数据的计算与输入

4. 气-液平衡相图的绘制

（1）选择菜单命令"File/New/Worksheet"，新建一个工作表 Book3，选择菜单命令"Column/Add Columns"添加两列。选中所有列，选择菜单命令"Column/Set as/XY"或者右键命令"Set as/XY"，将 Book2 中的 x_g 和 x_l 数据分别复制到 Book3 中的"A(X1)"和"C(X2)"两列中，写上列名称；将 Book2 中的 T/K 数据复制到 Book3 中的"B(Y1)"和"D(Y2)"两列中，写上列名称，如图 9-34 所示。

（2）选中 Book3 中的 4 列数据，选择菜单命令"Plot/Line ＋ Symbol"或者点击窗口底侧工具栏 📊 按钮，绘制线点图，如图 9-35 所示。

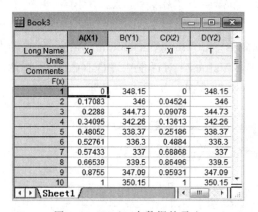

图 9-34　Book3 中数据的录入

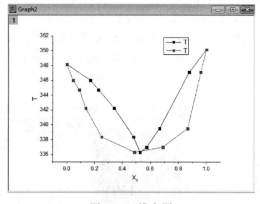

图 9-35　线点图

（3）选择菜单命令"Format/Plot Properties"，打开"Plot Details-Plot Properties"对话框，如图 9-36 所示。在"Line"选项卡中的"Connect"下拉菜单中，选"B-Spline"使曲线光滑，所得曲线如图 9-37 所示。

5. 恒沸点和恒沸组成的寻找确定

（1）平衡相图中的最低点即为恒沸点，点击左边工具栏中的 ➕ 按钮，然后点击选中曲线图中最低点，则在"Data Play"面板中显示出该点所对应的横坐标（温度值）和纵坐标（组成值），也就是恒沸点和恒沸组成，如图 9-38 所示。

（2）图形空白处右键选择"Add Text"命令，添加恒沸点和恒沸组成以及各个相区的名称等。

图 9-36 "Plot Details-Plot Properties" 对话框

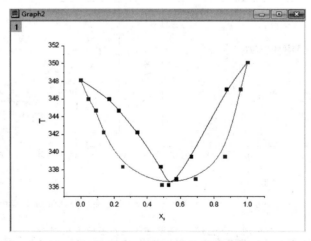

图 9-37 光滑后的曲线图

6. 图形和曲线的显示设置

（1）选择菜单命令"Format/Plot Properties"，打开"Plot Details-Plot Properties"对话框，在"Line"选项卡中的"Width"下拉菜单中，选"4"使曲线变粗，点击"OK"按钮。

（2）双击左边或底边坐标轴，在打开的"Axis Dialog"对话框中对坐标轴的显示进行设置，包括坐标轴的范围、坐标间隔值、坐标轴线条的粗细等。

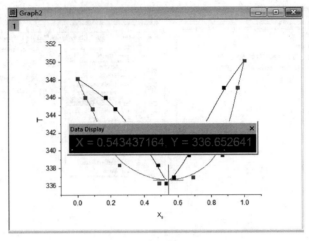

图 9-38　恒沸点和恒沸组成的寻找确定

（3）双击坐标名称，在打开的"Object Properties"对话框中，对坐标名称的字体大小等进行设置修改。

四、数据结果的导出

将"Book3"中的数据复制到 Word 文档的表格中，如表 9-12 所示。将 Origin 中绘制的图形 Graph1 和 Graph2 通过菜单命令"Edit/Copy Page"复制到 Word 文档中，写上表格及图形名称等，如图 9-39 所示。

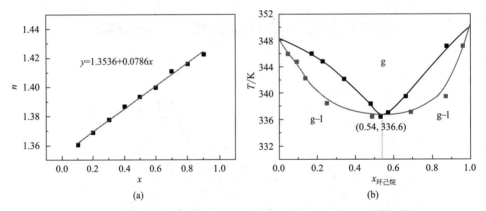

图 9-39　折射率-组成工作曲线（a）和乙醇-环己烷双液系气液平衡相图（b）

表 9-12　环己烷-乙醇溶液的沸点及气液相组成

x_g	T/K	x_1	T/K
0	348.15	0	348.15
0.17	346	0.045	346
0.23	344.73	0.091	344.73
0.34	342.26	0.14	342.26
0.48	338.37	0.25	338.37
0.53	336.3	0.49	336.3

续表

x_g	T/K	x_1	T/K
0.57	337	0.69	337
0.67	339.5	0.86	339.5
0.88	347.09	0.96	347.09
1	350.15	1	350.15

五、思考讨论

在 Origin 处理过程中，由折射率数据如何求得溶液的实际浓度数据？

示例5　二组分固-液相图的绘制

一、数据处理要求

1. 绘制各样品的步冷曲线，找出各步冷曲线中转折点和水平线段所对应的温度值。
2. 以温度 T 为纵坐标，以物质组成为横坐标，绘出 Sn-Bi 金属相图。

二、实验数据记录

表 9-13 为不同组成的 Sn-Bi 样品的步冷曲线数据。

表 9-13　不同组成的 Sn-Bi 样品的步冷曲线数据

编号 1		编号 2		编号 3		编号 4		编号 5	
t_1/min	$T/℃$	t_2/min	$T/℃$	t_3/min	$T/℃$	t_4/min	$T/℃$	t_5/min	$T/℃$
0.5	271.5	21	225.1	37	161.4	54.5	278.3	78.5	304
1	260.2	21.5	218.7	37.5	153.9	55	264.1	79	286.1
1.5	248.6	22	215.8	38	146.9	55.5	252.5	79.5	270.8
2	238.1	22.5	214	38.5	140.9	56	244.3	80	269.2
2.5	233.1	23	212.2	39	136.1	56.5	238.3	80.5	270
3	232	23.5	209.8	39.5	133.1	57	233.5	81	269.9
3.5	231.6	24	206.6	40	132.6	57.5	229	81.5	269.7
4	231.5	24.5	202	40.5	133.4	58	223.8	82	269.6
4.5	231.4	25	197	41	133.9	58.5	217.8	82.5	269.4
5	231.3	25.5	190.8	41.5	134.1	59	210.5	83	269
5.5	231.3	26	184.5	42	134.3	59.5	203.1	83.5	268.4
6	231.2	26.5	178.2	42.5	134.3	60	195.7	84	267.7
6.5	231.2	27	172.1	43	134.3	60.5	188.6	84.5	266.1
7	231	27.5	166.3	43.5	134.4	61	181.7	85	263.1
7.5	230.8	28	160.8	44	134.3	61.5	175.3	85.5	258.2
8	230.5	28.5	155.5	44.5	134.3	62	169.3	86	249.7
8.5	230.1	29	150.6	45	134.3	62.5	163.5	86.5	236.2
9	229.6	29.5	145.9	45.5	134.3	63	158.3	87	223
9.5	228.7	30	141.4	46	134.2	63.5	153.3	87.5	210.8
10	227.3	30.5	137.4	46.5	134.1	64	148.7	88	199.9
10.5	222.5	31	133.9	47	134.1	64.5	144.4	88.5	190.4
11	215	31.5	131.1	47.5	134	65	140.5	89	181.7

续表

编号1		编号2		编号3		编号4		编号5	
t_1/min	T/℃	t_2/min	T/℃	t_3/min	T/℃	t_4/min	T/℃	t_5/min	T/℃
11.5	207	32	129.9	48	133.9	65.5	137.2	89.5	173.6
12	199.3	32.5	129.8	48.5	133.9	66	135.3	90	166.4
12.5	192.3	33	129.7	49	133.8	66.5	134.7	90.5	159.8
13	185.6	33.5	129.3	49.5	133.6	67	134.2	91	153.8
13.5	179.2	34	128.7	50	133.2	67.5	133.6	91.5	148.2
14	173.5	34.5	127.8	50.5	132.9	68	133.1	92	143.1
14.5	167.9	35	126.6	51	132.5	68.5	132.8	92.5	138.4
15	162.8	35.5	124.6	51.5	131.9	69	132.6	93	134
15.5	157.9	36	121.1	52	131.2	69.5	132.4	93.5	130
16	153.2	36.5	117.2	52.5	129.8	70	132.3	94	126.4
16.5	148.9			53	127.2	70.5	132.1	94.5	122.9
17	144.8			53.5	123.2	71	131.9	95	119.8
17.5	140.9			54	119	71.5	131.7		
18	137.2					72	131.4		
18.5	133.8					72.5	131.3		
19	127.4					73	131		
19.5	124.4					73.5	130.7		
20	121.6					74	130.4		
20.5	118.9					74.5	130		
						75	129.5		
						75.5	128.8		
						76	127.9		
						76.5	126.7		
						77	124.5		
						77.5	121.3		
						78	118		

三、数据处理过程

1. 数据的录入

（1）打开 Origin 软件，选择菜单命令 "Column/Add Columns" 或者窗口上侧工具栏 +囲快捷键，在 Book1 中添加新列，列数为 "8"。

（2）选中所有列，点击右键选择命令 "Set as/XY"。将表 1 中的时间和温度数据录入到 Book1 中，写上列名称，如图 9-40 所示。

2. 步冷曲线的绘制

（1）点击选中所有列，选择菜单命令 "Plot/Line" 或者点击窗口底侧工具栏 ╱ 按钮，即得步冷曲线的线图，如图 9-41 所示。

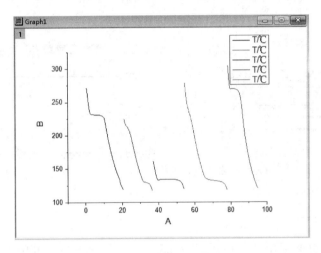

图 9-40 实验数据的录入

图 9-41 步冷曲线的线图

（2）点击左边工具栏中的数据读取 ⊞ 按钮，然后点击选中曲线中的转折点，则在"Data Play"面板中显示出该点所对应的横坐标和纵坐标，该坐标值为各个样品的熔点，并通过"Add Text"命令将熔点值添加到曲线图中，如图 9-42 所示。

（3）在图 9-42 的步冷曲线中纵坐标为温度/℃值，如果以 T/K 值作图，则需要通过"Set column values"命令对 Book1 中的所有温度（℃）值进行转换，得到的步冷曲线如图 9-43所示。

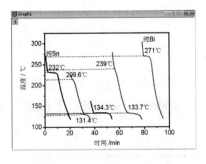

图 9-42 温度/℃-时间曲线

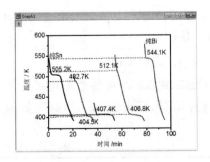

图 9-43 温度/K-时间曲线

3. Sn-Bi 金属相图的绘制

（1）选择菜单命令"File/New/Worksheet"，新建一个工作表 Book2，将计算 5 个样品的质量分数及由步冷曲线得到的熔点值分别录入到"A(X)"和"C(X2)"两列中，写上列名称；将 T/K 数据复制并输入到 Book3 中的"B(Y)"和"D(Y2)"两列中，写上列名称，如图 9-44 所示。

（2）选中 Book2 中的两列数据，选择菜单命令"Plot/Line ＋ Symbol"或者点击 ✎ 按钮，绘制线点图。

（3）在 Graph1 空白处点击鼠标右键，选择"Plot Details"命令，打开"Plot Details"对话框，在"Line"选项卡中的"Connect"下拉菜单中，选"Spline"使曲线光滑；在"Width"下拉菜单中，选"4"使曲线变粗，点击"OK"。所得曲线如图 9-45 所示。

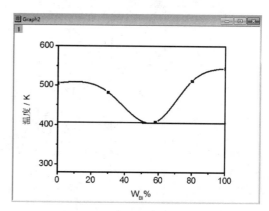

图 9-44　相图数据的录入　　　　　图 9-45　相图的绘制

（4）图形空白处右键选择"Add Text"命令，添加恒沸点和恒沸组成以及各个相区的名称等。

4. 图形和曲线的显示设置

（1）选择菜单命令"Format/Plot Properties"，打开"Plot Details-Plot Properties"对话框，对曲线的线条类型、颜色等进行设置。

（2）双击左边或底边坐标轴，在打开的"Axis Dialog"对话框中对坐标轴的显示进行设置，包括坐标轴的范围、坐标间隔值、坐标轴线条的粗细等。

（3）双击坐标名称，在打开的"Object Properties"对话框中，对坐标名称的字体大小等进行设置修改。

四、数据结果的导出

将 Origin 中 Book2 中的数据复制到 Word 中，如表 9-14 所示。绘制的图形 Graph1 和 Graph2 通过菜单"Edit/Copy Page"复制到 Word 文档中，写上图形名称等，如图 9-46 所示。

表 9-14　导出的 $W_{Bi}\%$-T/K 数据

$W_{Bi}\%$	0	30	58	80	100
T/K	505.2	482.7	407.4	512.1	544.1

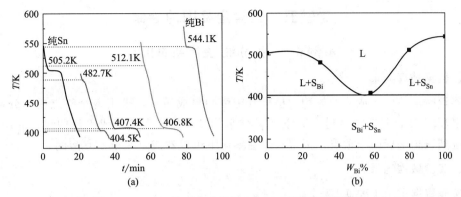

图 9-46　Sn-Bi 体系步冷曲线（a）和 Sn-Bi 金属相图（b）

五、思考讨论

如何将多组曲线绘制到一个图形中？

专题五　三角坐标图的绘制

示例6　三组分液-液体系的相图

一、数据处理要求

将终点时溶液中各成分的体积，根据其密度换算成质量，求出各个终点质量分数组成，所得结果利用 Origin 软件绘制三组分液-液体系相图（将各点连接成平滑曲线，并用虚线将曲线外延到三角坐标两个顶点，因水与苯在室温下可以看成是完全不互溶的）。

二、实验数据记录

将实验数据记录于表 9-15。

表 9-15　苯-水-乙醇三组分相图绘制数据

编号	体积/mL			质量/g				质量分数/%		
	苯	水	乙醇	苯	水	乙醇	合计	苯	水	乙醇
1	0.2	3.5	1.5							
2	0.25	2.5	2.5							
3	1	3	5							
4	1.5	1.6	4							
5	2.5	0.9	3.5							
6	3	0.6	2.5							
7	3.5	0.35	1.5							
8	4	0.15	1							

三、数据处理过程

1. 数据的录入

（1）打开 Origin 软件，选择菜单命令"Column/Add Columns"，在 Book1 中添加新列，列数为"7"。选中所有列，点击右键命令"Set as/XYZ"。将表 9-15 中的苯、水、乙醇的体积值分别录入到 Book1 中"A（X1）、B（Y1）、C（Z1）"，写上各列名称，如图 9-47 所示。

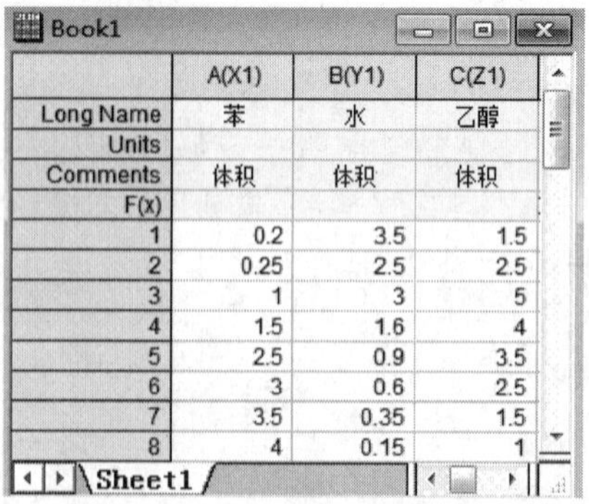

图 9-47　苯、水、乙醇体积
数据的录入

（2）在物理化学实验教材中查出苯、水、乙醇的密度值，由 Origin 计算其质量，并在 Book1 中添加的"D（X2）、E（Y2）、F（Z2）"列分别录入计算的苯、水、乙醇的质量数据。首先选中"D（X2）"列，选择菜单命令"Column/Set column values"或者右键选择"Set column values"命令，在弹出的"Set Values"对话框中"Col（D）＝"处录入苯质量的计算式"Col（苯）＊0.79"，如图 9-48 所示。同样方法计算并在"E（Y2）、F（Z2）"列计算录入水、乙醇的质量值。

（3）选择菜单命令"Column/Set column values"或者右键选择"Set column values"命令，在新添加的"G（X3）、H（Y3）、I（Z3）"列计算

录入苯、水、乙醇的质量分数值，如图 9-49 所示。

图 9-48 在"D(X2)"列
计算录入苯的质量数据

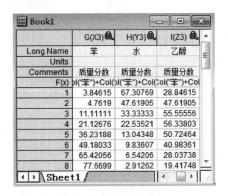

图 9-49 计算录入苯、水、乙醇
的质量分数数据

2. 相图的绘制

（1）选中 Book1 中的"G(X3)、H(Y3)、I(Z3)"3 列数据，选择菜单命令"Plot/Specialized/Ternary"绘制三角坐标图，如图 9-50 所示。

（2）在图 9-50 中所得到的三角坐标图与物理化学实验教材上的相图数据方向不一致，是由于三个坐标的顺序不一致导致的。若与教材保持一致，需将"G(X3)、H(Y3)、I(Z3)"3 列的数据调整为苯、乙醇、水的顺序，则所得到的三角坐标图如图 9-51 所示。

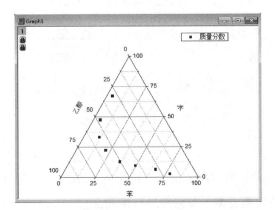

图 9-50 数据依次为苯、水、乙醇的质量
分数时对应的三角坐标图

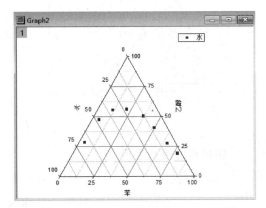

图 9-51 调整坐标顺序后的三角坐标图

（3）在图形窗口为当前窗口时，点击底边工具栏 按钮将散点连线。

（4）选择菜单命令"Format/ Plot Properties"或者选择右键"Plot Details"命令，打开"Plot Details-Plot Properties"对话框，如图 9-52 所示。在"Line"选项卡中的"Connect"下拉菜单中，选"B-Spline"使曲线光滑；在"Width"下拉菜单中，选"3"使曲线变粗，点击"OK"。所得曲线如图 9-53 所示。

（5）选中曲线，右键选择"Edit Range"，打开"Range"对话框，设置曲线范围，使其从 1 到 100，点击"OK"，如图 9-54 所示。

图 9-52 "Plot Details-Plot Properties" 对话框

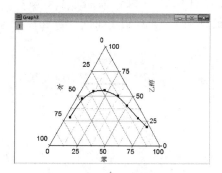

图 9-53 连线光滑的曲线图

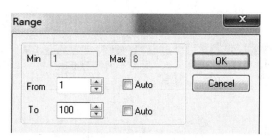

图 9-54 "Range" 对话框

3. 图形和曲线的显示设置

（1）选择菜单命令 "Format/Plot Properties"，打开 "Plot Details-Plot Properties" 对话框，对曲线的线条类型、颜色等进行设置。

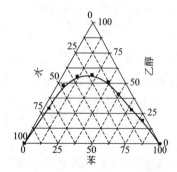

图 9-55 苯-水-乙醇三组分相图

（2）双击左边或底边坐标轴，在打开的 "Axis Dialog" 对话框中对坐标轴的显示进行设置，包括坐标轴的范围、坐标间隔值、坐标轴线条的粗细等。

（3）双击坐标名称，在打开的 "Object Properties" 对话框中，对坐标名称的字体大小等进行设置修改。

四、数据结果的导出

将 Origin 中 Book1 中的数据复制到 Word 中，如表 9-16 所示。绘制的图形 Graph1 和 Graph2 通过菜单 "Edit/Copy Page" 复制到 Word 文档中，写上图形名称等，如图 9-55

所示。

表 9-16 Origin 中导出的苯-水-乙醇三组分相图绘制数据

编号	体积/mL			质量/g				质量分数/%		
	苯	水	乙醇	苯	水	乙醇	合计	苯	水	乙醇
1	0.2	3.5	1.5	0.1580	3.4898	1.1778	5.2	3.85	67.30	28.85
2	0.25	2.5	2.5	0.1975	2.4927	1.963	5.25	4.76	47.62	47.62
3	1	3	5	0.7900	2.991	3.926	9	11.11	33.33	55.56
4	1.5	1.6	4	1.1850	1.5954	3.1408	7.1	21.13	22.54	56.33
5	2.5	0.9	3.5	1.9750	0.8974	2.7482	6.9	36.23	13.04	50.73
6	3	0.6	2.5	2.3700	0.5983	1.963	6.1	49.18	9.84	40.98
7	3.5	0.35	1.5	2.7650	0.3489	1.1778	5.35	65.42	6.54	28.04
8	4	0.15	1	3.1600	0.1496	0.7852	5.15	77.67	2.91	19.42

五、思考讨论

如何将绘制的三角坐标图中的曲线外延到三角坐标的两个顶点？

专题六 分段线性拟合

示例 7 溶解热的测定

一、数据处理

1. 利用数据绘出温差读数（T）-时间（t）曲线，按雷诺图解法校正后，分别求出 $\Delta T_溶$ 和 $\Delta T_电$。

2. 将 $\Delta T_溶$、$\Delta T_电$、记录的 $t_{加热}$、加热功率 P 代入公式求出 ΔH。

二、实验数据记录

温度-时间数据见表 9-17。

表 9-17 温度-时间数据

第一阶段

加入 KNO₃ 前	时间 /min	1	2	3	4	5
	温差/℃	0.012	0.02	0.028	0.036	0.04

第二阶段

加入KNO₃后	时间/min	6				7				8			
	时间/s	0	15	30	45	0	15	30	45	0	15	30	45
	温差/℃	0.046	−0.145	−0.612	−0.817	−0.874	−0.885	−0.888	−0.888	−0.888	−0.8884	−0.8880	−0.873
	时间/min	9		10		11		12		13			
	温差/℃	−0.866		−0.856		−0.840		−0.812		−0.800			

第三阶段

开始电加热	时间/min	14	15	16	17
	温差/℃	−0.631	−0.512	−0.392	−0.272
	时间/min	18	19	20	
	温差/℃	−0.152	−0.032	0.086	

第四阶段

停止加热	时间 /min	21	22	23	24	25	26
	温差/℃	0.144	0.154	0.164	0.172	0.158	0.168

三、数据处理过程

	A(X)	B(Y)
Long Name	t/s	T/℃
Units		
Comments		
F(x)		
1	60	0.012
2	120	0.02
3	180	0.028
4	240	0.036
5	300	0.04
6	360	0.046
7	375	-0.145
8	390	-0.612
	405	-0.817

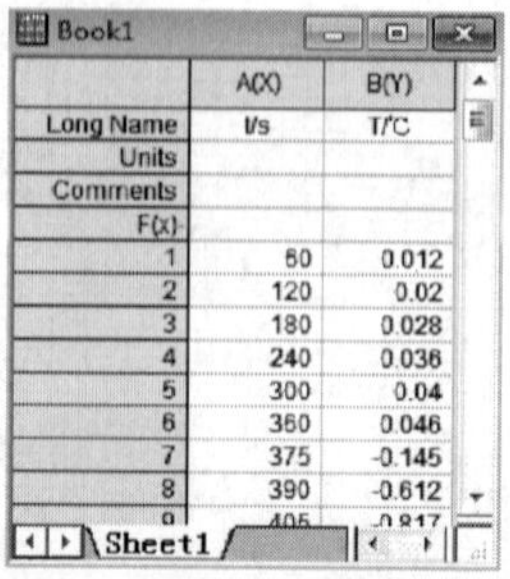

图 9-56 温差（T）和时间（t）数据的录入

1. 温差（T）-时间（t）数据的录入

打开 Origin 软件，将表中的温差（T）和时间（t）数据录入到 Book1 中，写上列名称，如图 9-56 所示。

2. 温差（T）-时间（t）曲线的绘制

点击选中 Book1 中的两列数据，选择菜单命令"Plot/Line + Symbol"或者点击底边工具栏 📈 按钮，绘制温差（T）-时间（t）曲线的线图。然后选择菜单命令"Format/Plot Properties"或者选择右键"Plot Details"命令，打开"Plot Details-Plot Properties"对话框，如图 9-57 所示。在"Line"选项卡中的"Connect"下拉菜单中，选"B-Spline"

图 9-57 "Plot Details-Plot Properties"对话框

使曲线光滑；在"Width"下拉菜单中，选"4"使曲线变粗，点击"OK"。所得曲线如图 9-58 所示。

3. 拟合温度平缓区直线

（1）点击窗口左边工具栏 按钮，出现两条垂直线，鼠标拖动垂直线，选取拟合数据范围。选择菜单命令"Analysis/Fitting/Linear Fit"打开对话框，点击"OK"按钮，就可得到一条直线，如图 9-59 所示。

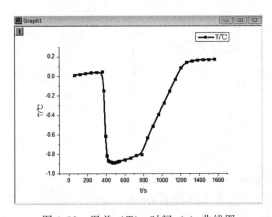

图 9-58 温差（T）-时间（t）曲线图

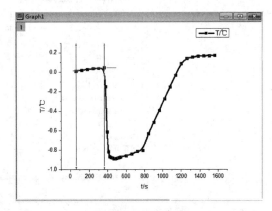

图 9-59 拟合直线

（2）点击菜单命令"Data/Reset to Full Range"，去掉勾选标记。如图 9-60 所示。

（3）按照步骤（1）方法，对 KNO_3 溶解后温度达低点处以后的平缓区时间段进行数据范围选择和拟合直线，如图 9-61 所示。

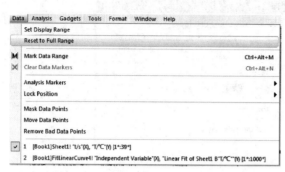

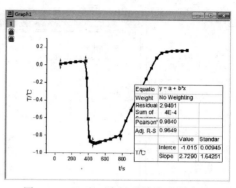

图 9-60 去掉"Reset to Full Range"
勾选标记

图 9-61 KNO₃ 溶解后温度达低点处
以后的平缓区拟合直线

（4）若上述拟合的直线不够长，左键点击这张图左上角绿色的锁状图标，选择 Change Parameters，会弹出拟合对话框。在 Fitted Curves Plot/X Data Type/Range 内，把"Use Input Data Range + Margin"更换成"Custom"，然后把 Min 和 Max 后面的 Auto 的钩去掉，填写合适的"X轴"上最小值和最大值的范围，点击"OK"按钮，如图 9-62 所示，可以将拟合的直线延长。

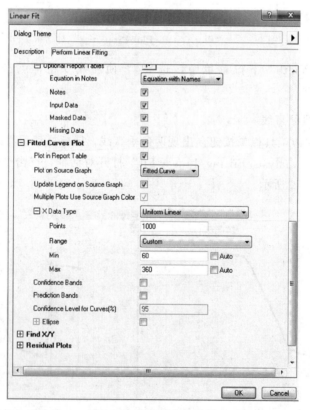

图 9-62 延长拟合的直线

4. 作温度中点的水平线

（1）点击左边工具栏 ⁄ 按钮，在纵坐标为温度最高点和最低点的中间处画一条水平线，为确定该直线的位置，双击该线出现"Object Properties"对话框，如图9-63所示。

（2）点击"Coordinates"，在"Units"下拉选项中选"scale"，然后在"Y"处输入温度最高点和最低点的中间值，点击"OK"按钮，则将水平线准确地移至对应于确定温度的位置，如图9-64所示。

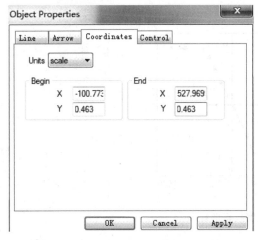

图9-63 "Object Properties"对话框

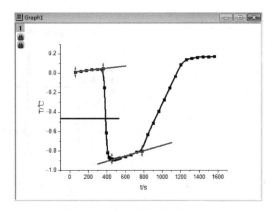

图9-64 作温度中点的水平线

5. 作垂直线

（1）点击左边工具栏 ✏ 按钮，画一条垂直线，鼠标拖动垂直线，使垂直线经过温度中点水平线与温度-时间曲线的交点。

（2）点击左边工具栏 ✛ 按钮，找出垂直线与温度-时间曲线的交点所对应的温度值，点击右键选择"Add Text"在交点处标出温度值。

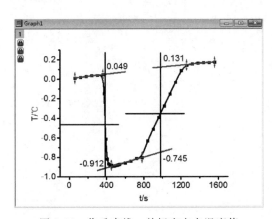

图9-65 作垂直线，并标出交点温度值

（3）按照上述方法作KNO_3溶液加热后平缓区的拟合直线、水平线及垂直线，并标出垂直线与温度-时间曲线的交点所对应的温度值，右键选择"Add Text"在交点处标出温度值，如图9-65所示。

6. $\Delta T_溶$、$\Delta T_电$ 的计算

（1）由图中标出的温度值计算 $\Delta T_溶 = 0.049-(-0.912)=0.961K$，$\Delta T_电 = 0.131-(-0.912)=1.043K$。

（2）将 $\Delta T_溶$、$\Delta T_电$、$t_{加热}$、加热功率 P 等代入公式求出 ΔH。

7. 图形和曲线的显示设置

（1）选择菜单命令"Format/Plot Properties"，打开"Plot Details-Plot Properties"对话框，对曲线的线条类型、颜色等进行设置。

（2）双击左边或底边坐标轴，在打开的"Axis Dialog"对话框中对坐标轴的显示进行设置，包括坐标轴的范围、坐标间隔值、坐标轴线条的粗细等。

（3）双击坐标名称，在打开的"Object Properties"对话框中，对坐标名称的字体大小等进行设置修改。

四、数据结果的导出

绘制的图形通过菜单"Edit/Copy Page"复制到 Word 文档中，写上图形名称等，如图 9-66所示。

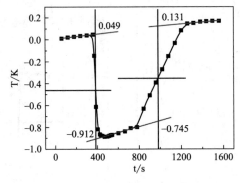

图 9-66　雷诺温度校正曲线

五、思考讨论

（1）如何选取线性拟合数据的范围？

（2）举例说明物理化学实验中，哪些实验可采用分段线性拟合进行数据处理？如何操作？

专题七 多峰拟合分析

示例 8 差热分析

一、数据处理要求

1. 绘制差热分析曲线。

2. 从 $CuSO_4 \cdot 5H_2O$ 脱水的差热曲线上确定各脱水温度，并根据差热谱图推测各峰所代表的可能反应，写出反应方程式。

3. 指明样品脱水过程出现热效应的次数，各峰的外推起始温度 T_e 和 T_p。

二、实验数据记录

实验中测定的数据保存为"差热分析数据.txt"文件，可直接导入 Origin 中进行数据处理和绘图。

三、数据处理过程

1. 数据的导入

通过菜单命令"File/Import/Single ASCII"将测定的数据"差热分析数据.txt"导入工作表中，写上列名称，如图 9-67 所示。

2. 绘制线图

点击选中两列数据，选择菜单命令"Plot/Line"或者点击窗口底侧工具栏 ╱ 按钮，即得差热曲线的线图，如图 9-68 所示。

图 9-67 差热分析数据的导入

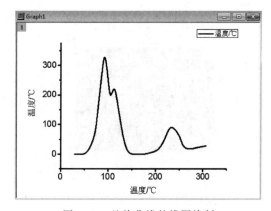

图 9-68 差热曲线的线图绘制

3. 多峰拟合分析

（1）图形窗口为当前窗口时，选择菜单命令"Analysis/Peaks and Baseline/Peak Analyzer"，打开"Peak Analyzer"向导开始页面，如图 9-69(a) 所示。

（2）在"Goal"选项中选择"Fit Peaks（Pro）"复选框。单击"Next"按钮，进入"Baseline Mode"页面，如图 9-69(b) 所示。在"Baseline Mode"下拉选项中选择"User Defined"基线模式。

（3）单击"Add"按钮，在曲线上基线处双击添加定位点；单击"Done"按钮，完成定位点设置，如图 9-70 所示。

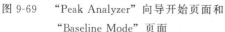

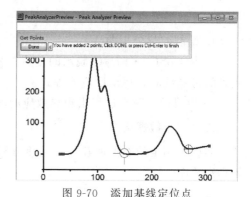

图 9-69　"Peak Analyzer"向导开始页面和
"Baseline Mode"页面

图 9-70　添加基线定位点

（4）对于不合适的定位点，需要进行修改或删除时，可单击"Modify/Del"按钮，鼠标左键按住拖动需要修改的定位点到合适的位置；单击"Done"按钮，完成定位点修改。

（5）单击"Next"按钮，进入"Baseline Treatment"页面，如图 9-71 所示。在下面板中选中"Auto Subtract Baseline"复选框，单击"Subtract Now"按钮，则完成基线的校正。

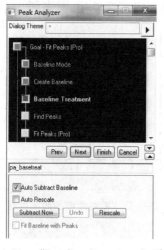

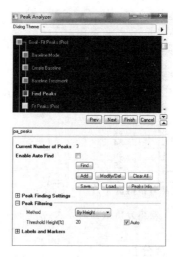

图 9-71　"Baseline Treatment"页面

图 9-72　"Find Peaks"页面

（6）单击"Next"按钮，进入"Find Peaks"页面，如图 9-72 所示。在下面板中去掉"Enable Auto Fine"复选框，单击"Add"按钮，在曲线上增加峰的位置，或者单击"Modify/Del"按钮，在曲线上修改或删除峰的位置。完成寻峰操作后，则在曲线上标出峰的位置，如图 9-73 所示。

（7）单击"Next"按钮，进入"Fit Peaks（Pro）"页面，如图 9-74 所示。在下面板中选中"Show Residuals"和"Show 2nd Derivative"复选框，则在曲线中显示参差图和微分图，从而可直观地看出峰拟合的效果，如图 9-75 所示。

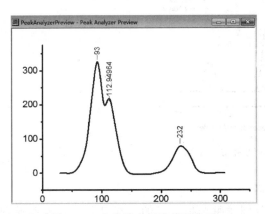

图 9-73 在曲线上标出峰的位置

图 9-74 "Fit Peaks（Pro）"页面

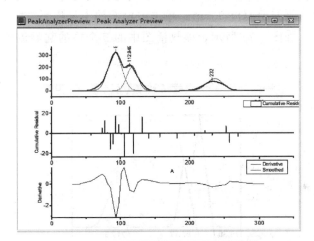

图 9-75 显示有参差图和微分图的曲线

（8）单击图形左上角数字，打开"Layer Contents"对话框，如图 9-76 所示。选择在曲线图中需要显示的拟合峰，点击➡按钮，然后点击"Apply"按钮，则可将拟合的曲线添加到图形中，如图 9-77 所示。

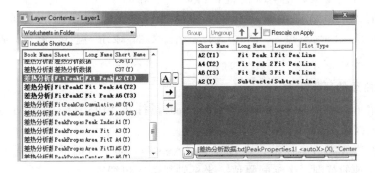

图 9-76 "Layer Contents"对话框

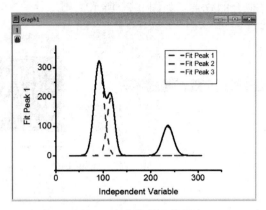

图 9-77　多峰拟合曲线

4. 峰的外推起始温度和峰顶温度的确定

（1）单击窗口左侧工具栏 ╱ 快捷键，分别作每个拟合峰的基线延长线以及起始曲线的延长线。单击窗口左侧工具栏 ✚ 快捷键，读取基线延长线与起始曲线延长线的交点所对应的横坐标，即为峰的外推起始温度 T_e 值。单击窗口左侧工具栏 T 快捷键，在交点位置添加读取的起始温度数据。如图 9-78 所示，差热谱图中的 3 个峰的起始温度值分别为 70.36℃、97.12℃、212.3℃。

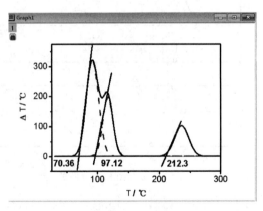

图 9-78　峰的外推起始温度值

（2）单击窗口左侧工具栏 ✚ 快捷键，读取每个峰的顶端所对应的横坐标，即为峰的峰顶温度 T_p 值。单击窗口左侧工具栏 T 快捷键，在顶点位置添加读取的峰顶温度数据。如图 9-79 所示，差热谱图中的 3 个峰的峰顶温度值分别为 91.62℃、126.7℃、247.3℃。

5. 图形和曲线的显示设置

（1）选择菜单命令"Format/Plot Properties"，打开"Plot Details-Plot Properties"对话框，对曲线的线条类型、颜色等进行设置。

（2）双击左边或底边坐标轴，在打开的"Axis Dialog"对话框中对坐标轴的显示进行设置，包括坐标轴的范围、坐标间隔值、坐标轴线条的粗细等。

（3）双击坐标名称，在打开的"Object Properties"对话框中，对坐标名称的字体大小等进行设置修改。

四、数据结果的导出

绘制的图形通过菜单"Edit/Copy Page"复制到 Word 文档中，写上图形名称等，如图 9-80所示。

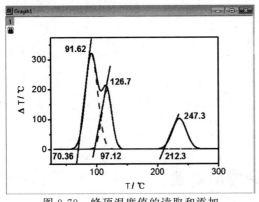

图 9-79　峰顶温度值的读取和添加

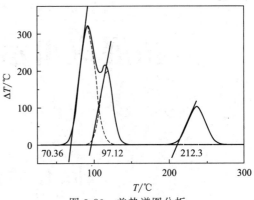

图 9-80　差热谱图分析

五、思考讨论

若要对差热谱图进行寻峰分析，如何操作？

第⑩章 ▶▶▶

拓展应用示例

10.1 XRD 谱图的处理

X 射线衍射（XRD）是化学及材料科学中经常用来确定物相的一种方法，常需要将不同样品的 XRD 谱线放在一起进行物相对比分析，将实验测得的谱线数据进行对比图绘制。XRD 谱线数据以".txt"文件保存，可以直接在 Origin 9.1 中导入数据。具体步骤如下：

（1）打开 Origin 9.1，在工作表窗口中，选择菜单命令"File/Import/Multiple ASCII"打开导入对话框，如图 10-1 所示。选择导入的 4 个数据文件，单击"Add File(s)"按钮，则已添加的数据文件出现在对话框中，然后点击"OK"按钮，即可自动生成 4 个数据表，如图 10-2 所示。

图 10-1　"File/Import/Multiple ASCII"对话框

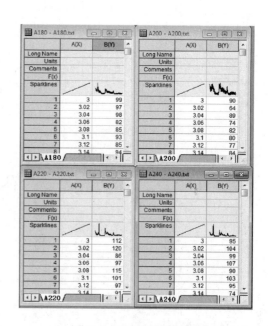

图 10-2　导入后的数据表

（2）选中数据表 A180 中的两列数据，选择菜单命令"Plot/Line"绘制线图，如图 10-3

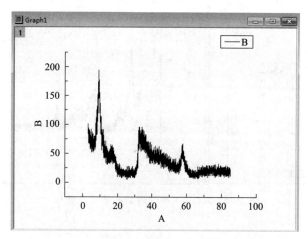

图 10-3 用数据表 A180 中的数据绘制曲线

所示。由于数据点太多，数据噪声有点大，曲线显示不光滑。在图形窗口为当前窗口时，用菜单命令"Analysis/Signal Processing/Smoothing"打开"Signal Processing：smooth"对话框（图 10-4）。在对话框中"Auto Preview"选项前面打钩，并选择平滑方法"Method"为"Adjacent：Averaging"，设置平滑处理点参数为 5，点击"OK"按钮，则得到 A180 平滑后的数据及曲线图，如图 10-5 所示。

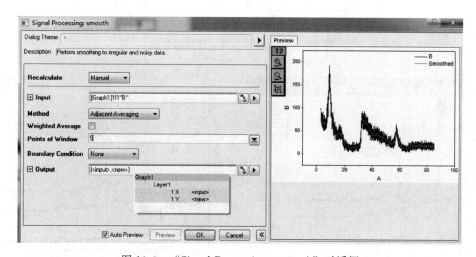

图 10-4 "Signal Processing：smooth"对话框

（3）采用同样方法对其他 3 个样品数据进行平滑处理。然后将平滑处理后的 4 个样品数据合并在同一个工作表中，如图 10-6 所示，一个"X"列，4 个"Y"列。选择菜单命令"Plot/Multi -Curve/Stack Lines by Y Offsets"，将 4 个样品的 XRD 谱线绘制到同一个图中，如图 10-7 所示。

（4）为了使最终的 XRD 谱图规范，可以用于报告及论文的发表，可对图 10-7 进行适当调整，如坐标轴和坐标刻度的规范、坐标轴名称的修改及添加等，得到如图 10-8 所示的图形。

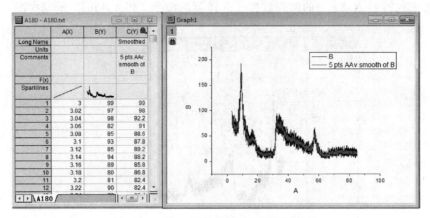

图 10-5　A180 平滑处理后的数据及曲线

	A(X)	B(Y)	C(Y)	D(Y)	E(Y)
Long Name	角度	180	200	220	240
Units					
Comments					
F(x)					
1	3	99	90	112	95
2	3.02	98	81	106	99.33333
3	3.04	92.2	79.8	106	99
4	3.06	91	77.8	103.8	100.6
5	3.08	88.6	80.4	99.2	98.8
6	3.1	87.8	79.4	100.2	93.8
7	3.12	89.2	79.2	99.2	93.8
8	3.14	88.2	79.6	94.2	92.8
9	3.16	85.8	76.4	90.8	90.8

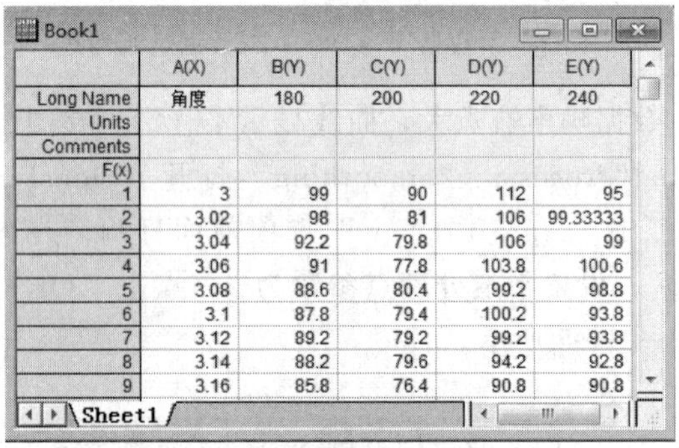

图 10-6　4 个样品平滑处理后的数据

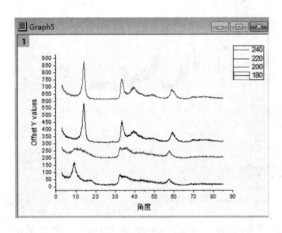

图 10-7　4 个样品的数据绘制到同一图中

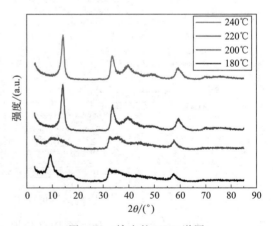

图 10-8　输出的 XRD 谱图

10.2　XPS 谱图分析

X 射线光电子能谱（X-ray phototelectron spectroscopy，XPS）分析是一种对表面元素化学成分和元素化学形态进行分析的技术，已在化学、物理、生物等各个领域中得到广泛应用，并逐渐显示出其在表面分析和结构鉴定中的巨大潜力。XPS谱图分析常需要利用Origin进行基线分析、寻峰及峰拟合。XPS数据以".txt"文件保存，可以直接在Origin 9.1中采用数据导入。现以石墨烯材料的C1s扫描数据为例，进行数据处理，具体步骤如下：

（1）打开Origin软件，在工作表窗口中，选择菜单命令"File/Import/Single ASCII"打开导入对话框，选择导入的数据文件，点击"Open"按钮，导入的数据表如图10-9所示。

（2）选中数据表中的两列数据，选择菜单命令"Plot/Line"或者点击底边工具栏 ∕ 按钮，绘制线图，如图10-10所示。

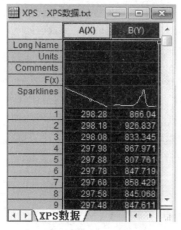

图 10-9　导入的 XPS 数据

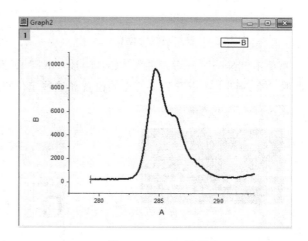

图 10-10　XPS 线图

（3）图形窗口为当前窗口时，选择菜单命令"Analysis/Peaks and Baseline/Peak Analyzer"，打开"Peak Analyzer"向导开始页面，如图10-11所示。在"Goal"选项中选择"Fit Peaks (Pro)"复选框。单击"Next"按钮，进入"Baseline Mode"页面，如图10-12所示。在"Baseline Mode"下拉选项中选择"User Defined"基线模式。单击"Add"按钮，在曲线上基线处双击添加定位点；单击"Done"按钮，完成定位点设置，如图10-13所示。对于不合适的定位点，需要进行修改或删除，则单击"Modify/Del"按钮，鼠标左键按住拖动需要修改的定位点到合适的位置；单击"Done"按钮，完成定位点修改，如图10-14所示。

图 10-11　"Peak Analyzer"向导开始页面　　图 10-12　"Baseline Mode"页面

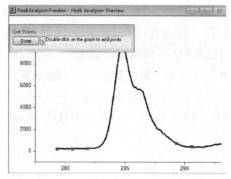

图 10-13　添加基线定位点

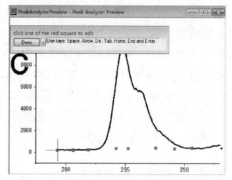

图 10-14　基线定位点的修改

（4）单击"Next"按钮，进入"Create Baseline"页面，如图 10-15 所示，选择基线连接方式。此时，在线图上可以看到定位点的位置和这些定位点连接的基线，如图 10-16 所示。

图 10-15　"Create Baseline"页面

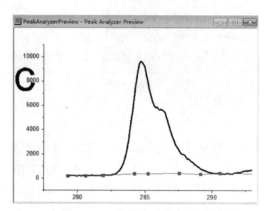

图 10-16　定位点连接的基线

（5）单击"Next"按钮，进入"Baseline Treatment"页面，如图 10-17 所示。在下面板中选中"Auto Subtract Baseline"复选框，单击"Subtract Now"按钮，即可完成基线的校正，如图 10-18 所示。

图 10-17　"Baseline Treatment"页面

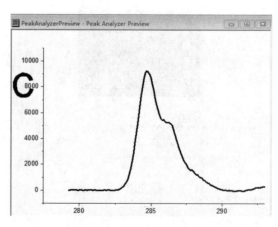

图 10-18　减去基线后的线图

（6）单击"Next"按钮，进入"Find Peaks"页面，如图 10-19 所示。在下面板中去掉"Enable Auto Fine"复选框，单击"Add"按钮，在曲线上增加峰的位置，或者单击"Modify/Del"按钮，在曲线上修改或删除峰的位置。完成寻峰操作后，则在曲线上标出峰的位置，如图 10-20 所示。

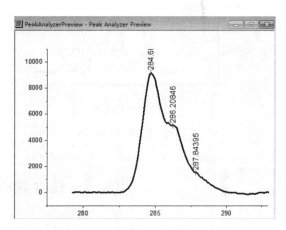

图 10-19　"Find Peaks"页面　　　　　　图 10-20　在曲线上标出峰的位置

（7）单击"Next"按钮，进入"Fit Peaks（Pro）"页面，如图 10-21 所示。在下面板中选中"Show Residuals"和"Show 2nd Derivative"复选框，则在曲线中显示参差图和微分图，从而可直观地看出峰拟合的效果，如图 10-22 所示。

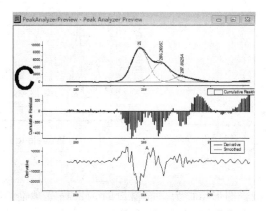

图 10-21　"Fit Peaks（Pro）"页面　　　　图 10-22　显示有参差图和微分图的曲线

（8）单击"Finish"按钮，完成拟合，如图 10-23 为拟合曲线图，图中灰线为单个拟合峰，黑线为 3 个拟合峰的叠加。自动生成的拟合报告在数据表窗口中显示，如图 10-24 所示。

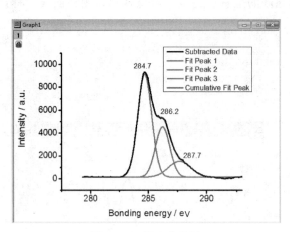

图 10-23 拟合曲线图

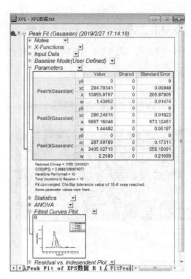

图 10-24 拟合报告

10.3 红外吸收光谱分析

红外吸收光谱是对物质进行分子结构和化学组成分析的有力工具。下面结合氧化石墨烯材料进行红外吸收光谱分析。红外光谱数据文件为"红外吸收光谱.txt"，其 Origin 处理具体步骤如下：

(1) 选择菜单命令"File/Import/Single ASCII"导入到工作表，工作表中数据是波长和光谱强度数据。选中工作表中的两列数据，选择菜单命令"Plot/Line"，或者点击底边工具栏 按钮绘制线图，如图 10-25 所示。

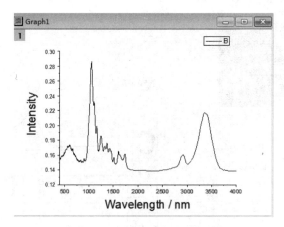

图 10-25 红外吸收光谱的线图

(2) 图形窗口为当前窗口时，选择菜单命令"Analysis/Peaks and Baseline/Peak Analyzer"，打开"Peak Analyzer"向导开始页面，如图 10-26 所示。在"Goal"选项中选择"Find Peaks"复选框。单击"Next"按钮，进入"Baseline Mode"页面，图 10-27 为"Baseline Mode"页面的下面板。在"Baseline Mode"下拉选项中选择"Constant"基线模式，

在"Constant"选项中选择"Minimum"复选框，则完成基线的定位，如图 10-28 所示。

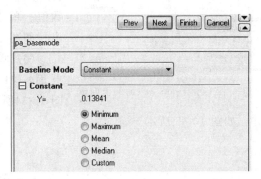

图 10-26 "Peak Analyzer"向导开始页面　　　图 10-27 "Baseline Mode"页面的下面板

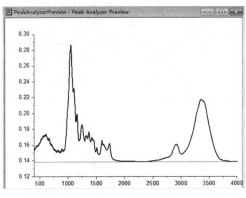

图 10-28 基线的定位

（3）单击"Next"按钮，进入"Baseline Treatment"页面，如图 10-29 所示，选中"Auto Subtract Baseline"复选框，单击"Subtract Now"按钮，则完成基线的去除，如图 10-30所示。

图 10-29 "Baseline Treatment"页面的下面板

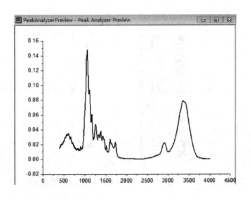

图 10-30 扣除基线后的线图

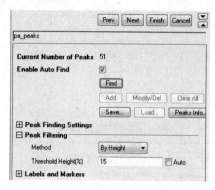

图 10-31 "Find Peaks" 页面的下面板

（4）单击"Next"按钮，进入"Find Peaks"页面，如图 10-31 所示，选中"Enable Auto Find"复选框。在"Peak Filtering"选项卡的"Method"下拉菜单中选择"By Height"，取消"Threshold Height（％）"后的"Auto"选项，并重新设置一个数值。单击"Find"按钮，则完成曲线峰位置的标出，如图 10-32 所示。

（5）单击"Next"按钮，进入"Integrate Peaks"页面，如图 10-33 所示，此时，曲线图显示如图 10-34所示。单击"Finish"按钮，则完成峰的标出和合并，如图 10-35 所示。

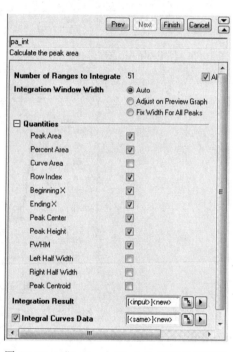

图 10-33 "Integrate Peaks" 页面的下面板

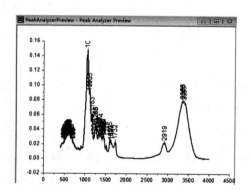

图 10-32 标出峰位置的曲线图

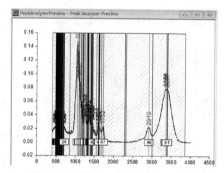

图 10-34 "Integrate Peaks" 操作后的曲线图

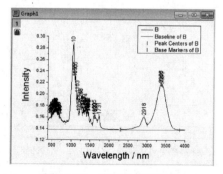

图 10-35 峰的标出和合并

（6）图 10-35 标出的峰有重叠等问题。为了避免该问题，需要进行智能标注。图形空白处右键选择"Plot Details"命令，打开"Plot Details"对话框，如图 10-36 所示，取消

"Layer1"下的第2个和第4个复选框，单击"OK"，则将不需要显示的基线和基线标志数据从图中隐藏，如图10-37所示。

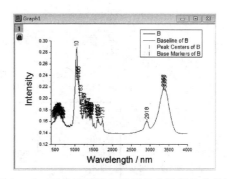

图 10-36 "Plot Details"对话框　　　　图 10-37 不显示基线和基线标志数据的曲线图

（7）打开"Plot Details"对话框，选中"Layer1"下的第3个复选框，即标注数据，打开"Label"选项卡，如图10-38所示。勾选"Leader Line"下的"Show Leader Line if Offset Exceeds（%）"复选框，并设置数值为2，同时勾选"Auto Reposition to Avoid Overlapping"复选框，单击"OK"，则完成峰位置的智能标注，如图10-39所示。

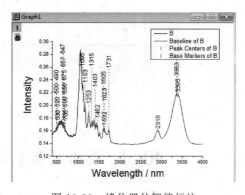

图 10-38 "Label"选项卡　　　　　　　图 10-39 峰位置的智能标注

（8）双击左边或底边坐标轴，在打开的"Axis Dialog"对话框中对坐标轴的范围、坐标轴的粗细等进行设置。双击坐标名称，在打开的"Object Properties"对话框中对坐标名称的字体大小等进行设置修改。

（9）曲线上边和右边坐标轴的显示可在"Axis Dialog"对话框中进行设置，也可以通过选择菜单命令"Tools/Theme Organizer"，打开"Theme Organizer"对话框，如图10-40所示。在默认的"Graph"下点击选中"Opposite Lines"，单击"Apply Now"按钮，则完成曲线图中上边和右边坐标轴的添加，最终导出的红外光谱图如图10-41

所示。

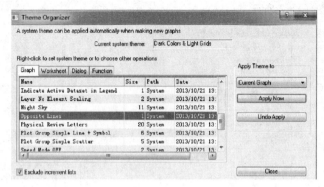

图 10-40　"Theme Organizer"对话框

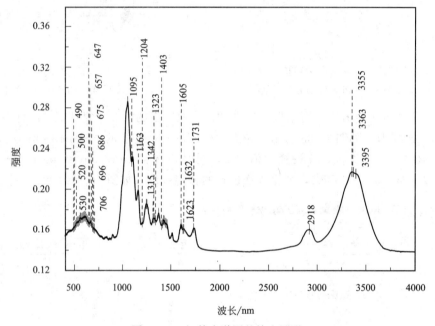

图 10-41　红外光谱图的输出图形

10.4　三维瀑布（3D Waterfall）图的绘制

Origin 9.1 采用 OpenGL 支持 3D XYY 类型的三维图谱，三维瀑布（3D Waterfall）图是其中的一种，可以方便地对图形进行旋转及调整大小和形状。三维瀑布图非常适用于展示在不同条件下的多组数据谱线图的对比。下面以在不同激发波长下测定的荧光发射光谱图为例进行介绍。

（1）将测试的数据保存为 Excel 文件，在工作表窗口中，选择菜单命令"File/Import/Excel"导入数据文件，点击"OK"按钮，即生成如图 10-42 所示的数据表，标明各列名称和标签。

（2）选中工作表数据，选择菜单命令"Plot/3D XYY/3D Waterfall"，绘制三维瀑布图，如图 10-43 所示。

图 10-42　导入的光谱数据表

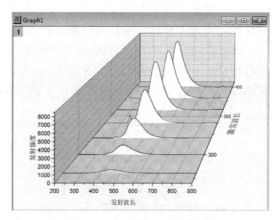

图 10-43　三维瀑布图的绘制

（3）选择菜单命令"Format/Layer Properties"，打开"Plot Details-Layer Properties"对话框，如图 10-44 所示。在"Pattern"选项卡中，选择"Fill/Color"为"Yellow"。"Pattern"选项卡中的设置如图 10-45 所示。单击"OK"按钮，关闭对话框。在"Planes"选项卡中，选中 XY 选项，并按图 10-46 所示设置颜色和透明度，去掉"Plan Border"中的"Enable"选项。

图 10-44　"Plot Details-Layer Properties"对话框

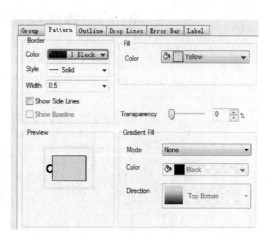

图 10-45　"Pattern"选项卡

图 10-46　"Planes"选项卡

(4) 单击三维瀑布图中的深灰色网格区域，出现调整图形的 4 个按钮，如图 10-47 所示。通过该 4 个按钮，可对三维瀑布图进行调整。

(5) 双击坐标轴，在打开的 “Axis Dialog” 对话框中对坐标轴的范围、坐标轴的粗细等进行设置。双击坐标名称，在打开的 “Object Properties” 对话框中，对坐标名称的字体大小等进行设置修改。图 10-48 为输出的三维瀑布图形。

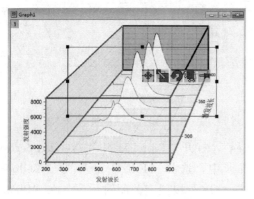

图 10-47　三维瀑布图的调整

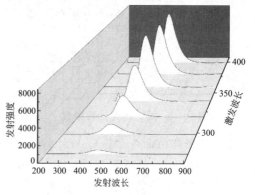

图 10-48　输出的三维瀑布图形

10.5　等高线图和三维表面图的绘制

Origin 9.1 支持 5 种等高线图的绘制。等高线图可以更直观地展示在不同条件下采集的数据对比，下面以在不同激发波长下测定的荧光发射光谱图为例进行介绍。

	A	B	C	D	E	F	G	H	I	J
1		200	210	220	230	240	250	260	270	280
2	200	2.71	2.71	2.72	2.79	2.85	3.04	3.18	3.36	4.14
3	201	2.69	2.71	2.72	2.78	2.84	3.05	3.16	3.36	4.1
4	202	2.7	2.7	2.71	2.77	2.83	3.05	3.13	3.38	4.08
5	203	2.71	2.71	2.7	2.77	2.84	3.03	3.13	3.37	4.05
6	204	2.71	2.71	2.7	2.75	2.84	3.01	3.16	3.34	4.05
7	205	2.7	2.71	2.7	2.75	2.83	3	3.17	3.35	4.04
8	206	2.7	2.71	2.71	2.74	2.83	3	3.18	3.34	4.02
9	207	2.7	2.7	2.72	2.74	2.84	3.01	3.18	3.36	4
10	208	2.71	2.7	2.72	2.76	2.84	3.02	3.17	3.36	4.04

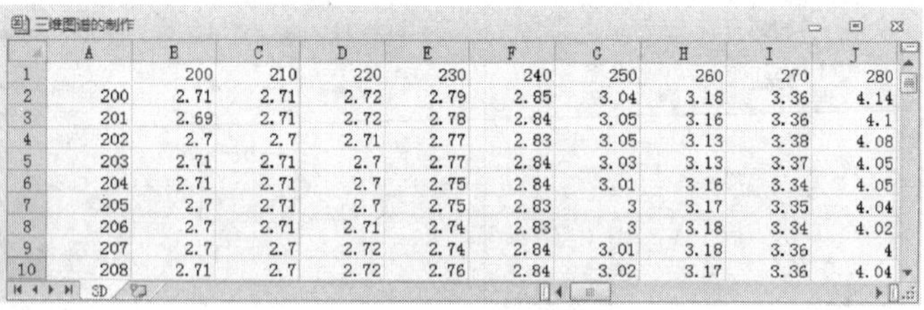

图 10-49　测定的荧光发射图谱数据

(1) 将测试的数据保存为 Excel 文件，如图 10-49 所示为测定的数据。

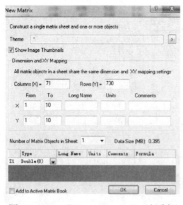

图 10-50　“New Matrix” 对话框

(2) 打开 Origin，在工作表窗口中，选择菜单命令 “File/New/Matrix”，打开 “New Matrix” 对话框，如图 10-50 所示。根据测定的数据个数，对 “Columns” 和 “Rows” 的数值进行设置。点击 “OK” 按钮，即生成一个具有 71 列和 73 行的矩阵表格。然后将 Excel 文件中的数据复制录入到 Matrix 表格中，如图 10-51 所示。

(3) 选中 Matrix 表格数据，选择菜单命令 “Plot/Contour/Color Fill”，绘制等高线图，如图 10-52 所示。

(4) 选择菜单命令 “Format/Plot Properties”，打开 “Plot Details-Plot Properties” 对话框，如图 10-53 所示。在 “Colormap/Contours” 选项卡中双击 “Fill” 下的颜色

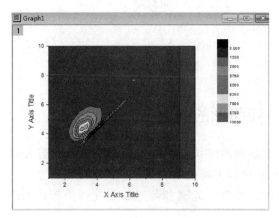

图 10-51 录入实验数据的 Matrix 表格

区域，即打开"Fill"对话框，如图 10-54 所示，可对等高线图中的颜色进行调整。

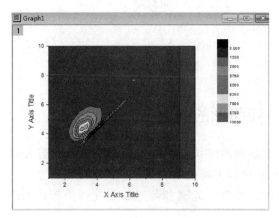

图 10-52 等高线图的绘制

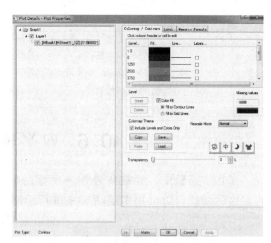

图 10-53 "Plot Details-Plot Properties"对话框

（5）双击左边或底边坐标轴，在打开的"Axis Dialog"对话框中对坐标轴的范围进行调整。双击坐标名称，在打开的"Object Properties"对话框中，对坐标名称的字体大小等进行设置修改。图 10-55 为导出的图形。

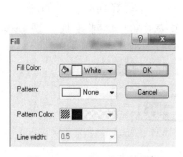

图 10-54 "Fill"对话框

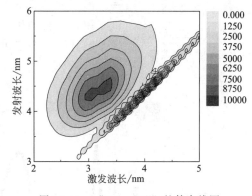

图 10-55 "Color Fill"的等高线图

（6）在绘制等高线图时，选择菜单命令"Plot/Contour/B/W Lines ＋ Labels"，则绘制的等高线图如图 10-56 所示。同样方法，选择菜单命令"Plot/Contour"下的其他类型，可以绘制其他类型的等高线图。

（7）选中矩阵表格数据，选择菜单命令"Plot/3D surface/Color map surface"，则可绘制三维表面图，如图 10-57 所示。选择菜单命令"Plot/3D surface"下的其他类型，可以绘制其他类型的三维表面图。

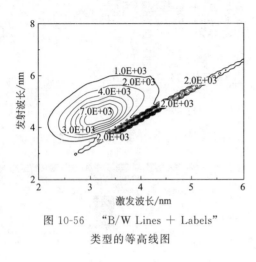

图 10-56 “B/W Lines + Labels”类型的等高线图

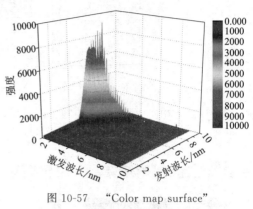

图 10-57 “Color map surface”类型的三维表面图

10.6 双 Y 轴曲线图形的绘制

在化学实验中，经常会遇到一个样品的两组数据测定结果，横坐标是相同的或者关联的，这时候就可以采用多层图形来进行绘制，从而可以方便地管理多个曲线或图形对象。下面以某样品的紫外吸收光谱和荧光发射光谱为例，来绘制双 Y 轴曲线图形。光谱数据以“.txt”文件保存，可以直接在 Origin 9.1 中导入数据。具体步骤如下：

(1) 打开 Origin 9.1，在工作表窗口中，选择菜单命令“File/Import/Multiple ASCII”打开导入对话框，选择导入的 2 个数据文件，单击“Add Files”按钮，则已添加的数据文件出现在对话框中，然后点击“OK”按钮，则自动生成 2 个数据表，将 2 个数据表中的数据复制到同一个工作表中，并写好列名称，如图 10-58 所示。

Book1

	A(X1)	B(Y1)	C(X2)	D(Y2)
Long Name	波长	吸收强度	波长	发射强度
Units				
Comments				
F(x)				
1	400	-0.04	390	37.19
2	399	-0.04	390.2	37.26
3	398	-0.039	390.4	37.33
4	397	-0.04	390.6	37.62
5	396	-0.04	390.8	37.89
6	395	-0.04	391	38.32
7	394	-0.04	391.2	38.71
8	393	-0.04	391.4	39.25

Sheet1

图 10-58 导入的紫外吸收光谱和荧光发射光谱数据

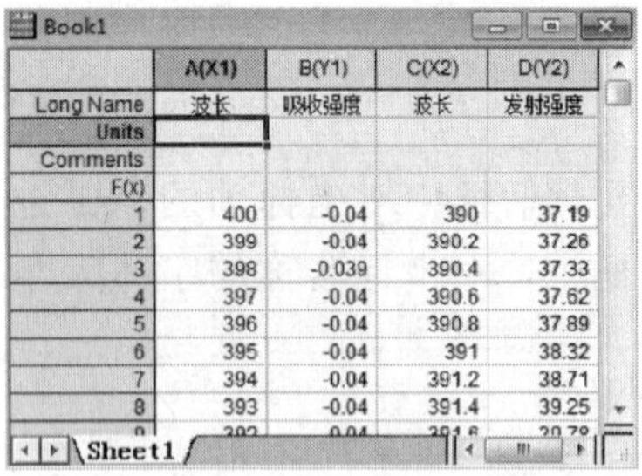

(2) 选中工作表中的 4 列数据，选择菜单命令

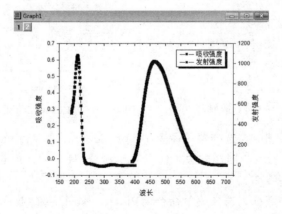

图 10-59 双 Y 轴曲线图

"Plot/Multi-curve/Double-Y"，绘制双 Y 轴曲点线图，如图 10-59 所示，图形层数为 2。单击图形窗口左上角的数字，可以激活选择的层。在图 10-59 中，"1"为激活层。

（3）选择菜单命令"Format/Plot Properties"或者右键"Plot Details"命令，打开"Plot Details-Plot Properties"对话框，对激活的图层中的曲线显示进行设置。

（4）选择菜单命令"Format/Layer Properties"或者右键"Layer Contents"命令，打开"Layer Contents"对话框，对激活的图层性质进行设置。

（5）双击坐标轴，在打开的"Axis Dialog"对话框中对坐标轴的范围进行调整。双击坐标名称，在打开的"Object Properties"对话框中，对坐标名称的字体大小等进行设置修改。图 10-60 为导出的图形。

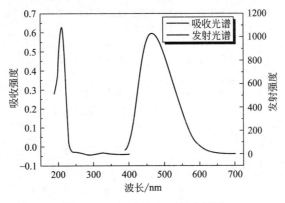

图 10-60 导出的双 Y 轴曲线图

（6）若绘制其他类型的多层图形，可在选中数据后，选择菜单命令"Plot/Multi-curve"下的其他类型，如"Horizontal 2 panel""Vertical 2 panel"等，如图 10-61 和图 10-62 所示。

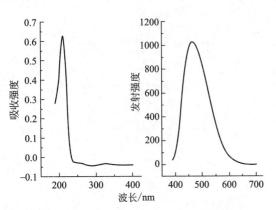

图 10-61 "Horizontal 2 panel"曲线图

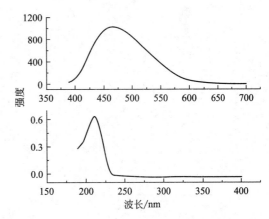

图 10-62 "Vertical 2 panel"曲线图

参 考 文 献

[1] 唐典勇，张元勤，刘凡，等．计算机辅助物理化学实验．2 版．北京：化学工业出版社，2014.

[2] 罗鸣，石士考，张雪英，等．物理化学实验．北京：化学工业出版社，2012.

[3] 孙文东，陆嘉星，等．物理化学实验．3 版．北京：高等教育出版社，2014.

[4] 朱万春，张国艳，李克昌，等．基础化学实验：物理化学实验分册．2 版．北京：高等教育出版社，2017.

[5] 肖信．Origin 8.0 实用教程——科技作图与数据分析．北京：中国电力出版社，2009.

[6] 叶卫平．Origin 9.1 科技绘图及数据分析．北京：机械工业出版社，2015.

[7] 张建伟．Origin 9.0 科技绘图与数据分析超级学习手册．北京：人民邮电出版社，2014.

[8] 杨锐，孙彦璞，等．物理化学实验．北京：化学工业出版社，2018.

[9] 谢祖芳，晏全，李冬青，等．物理化学实验及其数据处理．成都：西南交通大学出版社，2014.

[10] 闫华，金燕仙，钟爱国，等．溶液表面张力测定的实验数据处理分析与改进．实验技术与管理，2009，5：44.